ISSN 0021-1915

16. JAHRGANG · SEITEN 377–408 · BERLIN DEZEMBER 1980

IPRAX 16 16 (12) 377–408 (1980) 32036

12

isotopenpraxis

EVP 9,– M

AKADEMIE-VERLAG

An unsere Autoren

Die Zeitschrift veröffentlicht Beiträge zu folgenden Themen: Kontrolle und Analyse radioaktiver und stabiler Isotope, Anwendung radioaktiver und stabiler Isotope in allen Gebieten der Forschung und Technik, der Industrie, Landwirtschaft und Medizin, Herstellung radioaktiver und stabiler Isotope sowie von markierten Verbindungen, kernelektronische Geräte für die Isotopenanwendung (Dickenmesser, Dichtemesser u. ä.) Detektoren für isotopentechnische Arbeiten und den Strahlenschutz in Isotopenlaboratorien, Meßtechnik und Strahlenschutz, Dosimetrie in Isotopenlaboratorien, kerntechnische Geräte für die Isotopenanwendung (Betron, Bestrahlungsanlagen u. ä.), Strahlenchemie, Radiochemie, ökonomische und perspektivische Fragen, Fragen der Weiterbildung.

1. Aufnahme von Manuskripten

Zur Veröffentlichung angenommen werden nur druckreife, noch nicht anderweitig publizierte Beiträge in deutscher, englischer oder russischer Sprache zum Themenbereich der Zeitschrift und zwar

Originalarbeiten
Kurze Originalmitteilungen
Aus der Praxis
Zusammenfassende Berichte
Tagungsberichte
Informationen.

Sind der Beitrag oder Teile daraus bereits veröffentlicht oder ist eine anderweitige Veröffentlichung vorgesehen, so muß dies der Redaktion mit genauer Angabe der Zweitveröffentlichung mitgeteilt werden. Mit der Annahme des Manuskriptes behält sich der Verlag das Recht der Vervielfältigung, Verbreitung und Übersetzung innerhalb der gesetzlichen Schutzfrist vor. Auszugsweiser Nachdruck oder photomechanische u. a. Wiedergabe sind an eine schriftliche Genehmigung des Verlages gebunden. Manuskripte, Zeichnungen und Photos von veröffentlichten Arbeiten werden nur auf den besonderen und bis zum Zeitpunkt der Veröffentlichung mitgeteilten Wunsch des Autors zurückgesandt.

Bei der unverlangten Einreichung von Manuskripten wird empfohlen, eine Befürwortung eines der Herausgeber oder Redaktionsausschußmitglieder beizufügen.

Manuskripte sind einzureichen bei der Redaktion, DDR-1080 Berlin, Leipziger Str. 3–4.

2. Form der Manuskripte

Die Autoren werden gebeten:

2 Manuskripte, eines davon in Original-Maschinenschrift, einseitig und mit 2zeiligem Abstand einzureichen; gut leserliche Photokopien sind zulässig; auf dem 1. Blatt (unter Weglassung der Bezeichnung)

den Titel der Arbeit
Vorname-Initialen und Namen sämtlicher Autoren
gegebenenfalls die Institution, in der sie tätig sind
eine kurze Zusammenfassung der Arbeit von höchstens 15 Zeilen
Keywords in alphabetischer Reihenfolge und
als Fußnote die Anschrift der Institution anzugeben;

wenn möglich auf gesonderten Blättern Namen, Titel der Arbeit und Zusammenfassung in den beiden anderen obengenannten Sprachen 2fach beizufügen; Literaturhinweise (fortlaufend numeriert), Fußnoten, Tabellen, Abbildungen (in etwa 2facher Veröffentlichungsgröße), Abbildungsunterschriften (getrennt von den Abbildungen, mit Zeichenerklärungen, Quellenangaben, falls erforderlich, und gegebenenfalls mit einem Vermerk für besondere Wünsche bezüglich der Abbildungsgröße), private und Dienstanschrift der Verfasser mit akademischen Titeln und ausgeschriebenen Vornamen auf besonderen Blättern ans Ende des Manuskriptes zu stellen;

Wünsche für den Kolumnentitel (Seitenüberschrift) bekanntzugeben;
Absätze durch Einzüge von mindestens 3 Anschlägen kenntlich zu machen;
die Maßeinheiten des SI-Systems ("Systéme International") zu verwenden;
Korrekturen im Manuskript unmittelbar an der zu korrigierenden Stelle anzubringen;
Formeln deutlich lesbar und möglichst groß einzutragen;
Farbabbildungen und nachträgliche Änderungen oder Ergänzungen in Abbildungen zu vermeiden;
hervorzuhebende Textstellen zu unterstreichen, und zwar halbfetten Satz mit einer geraden schwarzen Linie, kursiven Satz (Schrägschrift) mit einer blauen Wellenlinie (alle Eigennamen). Sperrungen gestrichelt;
besondere Buchstaben durch farbige Unterstreichung zu kennzeichnen, und zwar Formelzeichen in

Griechisch-Kursiv ($\alpha, \beta, \ldots$) rot,
Kursiv ($A, B, \ldots$) blau
halbfetter Kursiv ($\boldsymbol{A}, \boldsymbol{B}, \ldots$) 2 Linien blau (Vektoren),
halbfetter Grotesk ($\mathbf{A}, \mathbf{B}, \ldots$) 2 Linien violett (Tensoren);

bei Literaturangaben auf Vollständigkeit zu achten. In nachstehender Reihenfolge müssen angegeben sein:

a) bei *Zeitschriften*: Vorname-Initialen und Namen sämtlicher Autoren Titel der Zeitschrift (nach „Periodica Chimica" oder möglichst wenig gekürzt), Bandnummer (unterstrichen), Jahreszahl (in Klammern), Heftnummer (nur bei Zeitschriften, die jedes Heft mit S. 1 beginnen) sowie die Seitenzahl, auf der die zitierte Arbeit beginnt.

b) bei *Büchern*: Initialen der Vornamen und Name des Autors (Herausgeber werden durch den Zusatz „ed." gekennzeichnet), voll ausgeschriebener Titel des Buches in der Originalsprache, evtl. Bandnummer, voll ausgeschriebener Name des Verlages, Nummer der Auflage (außer der ersten), Erscheinungsort(e), Erscheinungsjahr (hier nicht in Klammern setzen!) und evtl. Kapitelnummer, Seitenzahl u. ä.

c) bei *Sammelbänden, Tagungsberichten*: Es soll zusätzlich der Titel des zitierten Beitrags angegeben werden. Die Seitenzahl muß unbedingt angegeben werden. Aus dem Zitat muß hervorgehen, ob es sich um einen Tagungssammelband oder um einen noch nicht veröffentlichten Vortrag handelt. Zwischen Tagungsort und Erscheinungsort des entsprechenden Tagungsberichts ist zu unterscheiden.

3. Korrekturen

Der Autor erhält zwei Umbruchabzüge, von denen einer möglichst schnell korrigiert an die Redaktion zurückgereicht werden soll. Auf Wunsch des Autors kann die Korrektur auch von der Redakion gelesen werden.

Durch nachträgliche Manuskriptänderungen verursachte Korrekturkosten gehen, sofern sie 10% der Satzkosten übersteigen zu Lasten des Autors.

Der Autor erhält 50 Sonderdrucke kostenlos. Weitere Sonderdrucke können bis zur Rückgabe der Korrekturabzüge auf Kosten des Autors bei der Redaktion bestellt werden.

Bezugsmöglichkeiten

Bestellungen sind zu richten

- **in der DDR** an den Postzeitungsvertrieb; an eine Buchhandlung oder an den AKADEMIE-VERLAG, DDR-1080 Berlin, Leipziger Straße 3–4
- **im sozialistischen Ausland** an eine Buchhandlung für fremdsprachige Literatur oder an den zuständigen Postzeitungsvertrieb
- **in der BRD und Westberlin** an eine Buchhandlung oder an die Auslieferungsstelle KUNST UND WISSEN, Erich Bieber, 7000 Stuttgart 1, Wilhelmstraße 4–6
- **in Österreich** an den Globus-Buchvertrieb, 1201 Wien, Höchstädtplatz 3
- **in den übrigen westeuropäischen Ländern** an eine Buchhandlung oder an die Auslieferungsstelle KUNST UND WISSEN, Eirch Bieber GmbH, CH-8008 Zürich/Schweiz, Dufourstraße 51
- **im übrige n Ausland** an den Internationalen Buch- und Zeitschriftenhandel; den Buchexport, Volkseigener Außenhandelsbetrieb der Deutschen Demokratischen Republik, DDR-7010 Leipzig, Postfach 160, oder an den AKADEMIE-VERLAG, DDR-1080 Berlin, Leipziger Straße 3–4

Zeitschrift „Isotopenpraxis"

Herausgeber: Im Auftrag des Akademie-Verlages herausgegeben von Prof. Dr. Justus Mühlenpfordt und Prof. Dr. Carl Friedrich Weiss
Verlag: Akademie-Verlag, DDR-1080 Berlin, Leipziger Straße 3–4; Fernruf 2236221 oder 2236229; Telex-Nr. 114420;
Bank: Staatsbank der DDR, Berlin, Kto.-Nr.: 6836-26-20712
Chefredakteur: Dr. Klaus Uhlig, Berlin
Anschrift der Redaktion (Fernruf: 6351177) der Zeitschrift Isotopenpraxis: Akademie-Verlag, DDR-1080 Berlin, Leipziger Str. 3–4
Veröffentlicht unter der Lizenznummer 1527 des Presseamtes beim Vorsitzenden des Ministerrates der Deutschen Demokratischen Republik
Gesamtherstellung: VEB Druckerei „Thomas Müntzer", DDR-5820 Bad Langensalza
Erscheinungsweise: Die Zeitschrift „Isotopenpraxis" erscheint monatlich. Die 12 Hefte eines Jahrganges bilden einen Band. Bezugspreis je Band 180,– M zuzüglich Versandspesen (Preis für die DDR 108,– M), Preis je Heft 15,– (Preis für die DDR 9,– M)
Bestellnummer dieses Heftes: 1079/16/12.

AN (EDV) 12831

ISOTOPENPRAXIS

Band 16 (1980) Heft 12, S. 377—408

Redaktion und Verlag: Akademie-Verlag, Redaktion Isotopenpraxis, 1080 Berlin, Leipziger Straße 3—4

Contents

K. P. Dostal

The History of the Periodic System of Chemical Elements from the Beginning to the Present Time — Part 2

Isotopenpraxis 16 (1980) No. 12, p. 377 to 383
– Fig., 5 Tab., 42 Ref.

While the first part of this work [12] dealt with the history of the periodic system up to its interpretation from the viewpoint of atomic theory, the present second part describes the process of filling the gaps in the table, enlarging the system by adding the transuranic elements, and of predicting far transuranic elements. Furthermore, some interesting ways of plotting the periodic systems are discussed.

Progress Reports

J. W. Leonhardt, H.-J. *Große*, *P. Popp*

State and Possibilities to Develop the Ionization Gas Analysis

Part II. Aerosol Ionization and Ionization Cross Section Detectors

Isotopenpraxis 16 (1980) No. 12, p. 383 to 388
1 Fig., 6 Tab., 40 Ref.

Part III. Noble Gas Detectors, Indirect Electron-Mobility Detector, Conclusions

Isotopenpraxis 16 (1980) No. 12, p. 388 to 392
4 Fig., 3 Tab., 23 Ref.

The ionization gas analysis is an analytical method basing on the fact that the conductivity of gases and gas mixtures due to the ionization of atoms and molecules changes with the composition of such mixtures. Resulting from a general description of the ionization detectors working according to this principle (electron capture detectors, aerosol ionization detectors, ionization cross section detectors, noble gas detectors and mobility detectors), properties, performances, fields of application and possibilities of further development are discussed.

Articles

K. Helmstädter, H. Rothe, H. Korn

An Advanced Volume Extrapolation Chamber and a Set of New Flat Ionization Chambers as a Metrological Basis of ASMW Providing Safe Measurement of Beta-Radiation Absorbed Dose in Practics

Isotopenpraxis 16 (1980) No. 12, p. 393 to 399
6 Fig., 5 Tab., 12 Ref.

The standard metering appliance of ASMW, serving for the determination of the Gray unit of absorved beta radiation doses, was advanced by creating a new volume extrapolation chamber with improved physico-technical and metrological parameters. The design and testing of this chamber are reported. It renders possible the determination of the absorbed dose and of the energy rate ranging from 10^{-8} to 10^{3} Gy and from 10^{-6} to 1 Gy/s respectively, with an accuracy of 1,8 per cent.
A set of three flat ionization chambers providing step adaptation of distances between electrodes to the beta energy are described. They serve for the transfer of the absorbed-dose unit to reference standards and as dosimetric appliances to be used within the beta-radiation energy range from 0,165 to 3,5 Mev.

S. Niese

Copper Diffusion into Silicon during Neutron Activation

Isotopenpraxis 16 (1980) No. 12, p. 399 to 402
1 Fig., 5 Tab., 10 Ref.

Содержание

К.-П. Досталь

История периодической системы химических элементов с зарождения до настоящего времени, Часть 2

Isotopenpraxis 16 (1980) вып. 12, стр. 377 до 383
– рис., 5 табл., 42 лит.

После того, что в первой части данной работы (12) изложена история периодической системы до интерпретации атомой теории, настоящая вторая часть относится к пополнению интервалов в таблице, расширению системы за счет трансурановых элементов и предсказанию дальных трансурановых элементов. Помимо этого, обсуждаются некоторые интересные виды изображения периодической системы.

Аналитичекие обзоры

И. В. Леонхардт, Х.-И. Гроссе, П. Попп

Состояние и возможности развития ионизационного газового анализа

Часть II: Аэрозольные детекторы и детекторы сечения ионизации

Isotopenpraxis 16 (1980) вып. 12, стр. 383 до 388
1 рис., 6 табл., 40 лит.

Часть III: Детекторы благородных газов, детекторы подвижности электронов, заключения

Isotopenpraxis 16 (1980) вып. 12, стр. 388 до 392
4 рис., 3 табл., 23 лит.

Ионизационный газовый анализ, это газоаналитический метод, основывающийся на изменении проводимости, вызываемой ионизацией атомов и молекул газов. Исходя из общей характеристики ионизационных детекторов основываемых на этом методе (детектор электронного захвата, аэрозольный детектор, детектор сечения ионизации, детектор благородных газов) авторы показывают и обсуждают их теорию, свойства, главные области применсния и возможности развития.

Статьи

К. Хельмштедтер, Х. Роте, Х. Корн

Усовершенствованная объемная экстраполяционная камера и комплект новых плоских ионизационных камер — метрологическая база АСМВ для обеспечения надежного измерения поглощенной дозы бета-излучения в практике

Isotopenpraxis 16 (1980) вып. 12, стр. 393 до 399
6 рис., 5 табл., 12 лит.

Нормальное измерительное устройство АСМВ, служащее для определения единицы поглощенной дозы „Грей„ по бета-излучению было усовершенствовано путем создания новой объемной экстраполяционной камеры с улучшенными физико-техническими и метрологическими параметрами. Приводятся данные о конструкции и испытании данной камеры. Она позволяет определить поглощенную дозу или же мощность поглощенной дозы в пределах от 10^{-8} до 10^{3} Gy, и от 10^{-6} до I Gy/сек. соответственно, чувствительностью в 1,8%.
Описывается комплект трех плоских ионизационных камер с ступенчато приспсабливаемыми к бета-энергии расстояниями электродов для переноса единицы поглощенной дозы на эталонные нормали и дозиметрические устройства, работающие в пределах энергии бета-излучения от 0,165 до 3,5 *мэв*.

С. Низе

Диффузия меди в кремний в процессе нейтронной активации

Isotopenpraxis 16 (1980) вып. 12, стр. 399 до 402
1 рис., 5 табл., 10 лит.

ISSN 0021-1915

ISOTOPENPRAXIS

Band 16 (1980) Heft 12, S. 377–408

Redaktion und Verlag: Akademie-Verlag, Redaktion Isotopenpraxis, 1080 Berlin, Leipziger Straße 3–4

Inhaltsverzeichnis

Die Geschichte des Periodensystems der chemischen Elemente von den Anfängen bis zur Gegenwart. Teil 2

(Zusammenfassender Bericht)

K.-P. Dostal

Zentralinstitut für Isotopen- und Strahlenforschung der AdW der DDR)[1])

Nachdem im ersten Teil dieser Arbeit [12] die Geschichte des Periodensystems bis zur atomtheoretischen Deutung dargestellt wurde, behandelt der vorliegende zweite Teil die Auffüllung der Lücken in der Tabelle, die Erweiterung des Systems durch die Transurane und die Vorhersagen ferner Transurane. Außerdem werden einige interessante Darstellungen des Periodensystems besprochen.

Keywords

actinides; elements; history; periodic system; trans-104-elements; transuranium elements

6. Auffüllung der Lücken

Als das Periodensystem aufgestellt wurde, waren nur knapp über 60 Elemente bekannt. Wie in Teil 1 beschrieben, gelang in den darauffolgenden Jahrzehnten die Entdeckung der Elemente Gallium, Scandium und Germanium, der meisten seltenen Erden, der Edelgase und einiger radioaktiver Elemente. (Die letzteren waren Radium und Polonium, beide 1898, Actinium 1899 bzw. 1902 und Radon 1900/1904.) Nachdem im Jahre 1907, dem Todesjahr *Mendelejews*, das Lutetium entdeckt worden war, fehlten bis zum Uran noch 7 Elemente, deren Entdeckungsgeschichte im folgenden kurz skizziert sei:

1913 fanden *K. Fajans* und *O. Göhring* unter den Zerfallsprodukten des UI (^{238}U) einen bis dahin unbekannten Strahler mit einer Halbwertszeit von etwas über einer Minute. In der richtigen Annahme, ein neues Element gefunden zu haben, nannten sie ihn „Brewium", das Kurzlebige. Dieses Nuklid wurde später mit UX_2 bzeichnet und ist nach heutiger Terminologie das Protactinium-Isotop ^{234m}Pa. Als Protactinium-Entdecker findet man jedoch vielfach *O. Hahn* und *L. Meitner* bzw. *F. Soddy* und *J. Cranston* angegeben: Beide Gruppen entdeckten um 1917 unabhängig voneinander das langlebige Isotop ^{231}Pa. Einige Jahre später beobachtete *O. Hahn* am ^{234}Pa zum ersten Mal die Erscheinung der Kernisomerie.

Mit dem (auf röntgenspektroskopischem Weg) nächst entdeckten Hafnium (vgl. Teil 1, Abschn. 5) war im Jahre 1922 das letzte der Elemente gerader Ordnungszahl gefunden. Nach der *Harkins*schen Regel sind diese in der Natur häufiger als ihre ungeradzahligen Nachbarn, und die Existenz der noch fehlenden Elemente vermutete man auf der Erde — wenn überhaupt — nur in Spuren. Insofern fand 1925 die Meldung des späteren Ehepaars *Ida* und *Walter Noddack* und *O. Bergs* von der Entdeckung der Elemente 43 und 75 starke Beachtung. Sofort meldeten sich sowohl Kritiker (*Wilhelm Prandtl*) als auch Forscher, die die Priorität für sich beanspruchten. Nach einem mehrjährigen Streit konnten 1929 die *Noddacks* ihre röntgenspektroskopische Entdeckung des Elements Nr. 75 mit der Isolierung eines Gramms Rhenium sicherstellen. Im Falle des Elements Nr. 43 unterlagen sie jedoch einem Irrtum.

Zahlreiche Gelehrte unternahmen beträchtliche Anstrengungen, um die wenigen noch fehlenden Elemente zu finden; es gab aber zunächst unüberbrückbare Schwierigkeiten und etliche nur vermeintliche Entdeckungen. Eine geistreiche Bemerkung *W. Prandtls* aus dem Jahre 1927 sei dem Leser nicht vorenthalten: „Es scheint, als wenn sich der Schluß des periodischen Systems bei 93 schon in früheren Perioden, nämlich bei 43, bei $43 + 18 = 61$ ... durch instabile Atomkonfigurationen ankündigt, um dann bei $43 + 18 + 32 = 93$ endgültig zu erfolgen." (zit. nach [13], S. 140).

Das Element Nr. 43, Technetium, wurde schließlich 1937 im Ergebnis planmäßigen Suchens und exakter Analytik gefunden: Da die Isotope der Nachbarelemente Molybdän und Ruthenium bekannt waren, folgte aus der *Mattauch*schen Isobarenregel die Existenz nur instabiler Isotope des gesuchten Elements. *E. Segrè* hatte die Hoffnung, durch Beschuß von Molybdän mit Deuteronen Isotope des Elements Nr. 43 zu erhalten, unter denen wegen der großen Zahl natürlicher Molybdän-Isotope vielleicht auch ein längerlebiges sein könnte. Er reiste eigens nach den USA, um sich ein Stück bestrahlten Molybdäns zu holen, daß er zurückgekehrt nach Palermo, mit seinem Mitarbeiter *C. Perrier* untersuchte. Die Molybdänprobe enthielt tatsächlich eine neuartige Aktivität, die sich weder den Nachbarelementen, noch etwaigen Homologen zuordnen ließ. Der Name des neuen Elements bezieht sich darauf, das er, künstlich durch Kernreaktionen erzeugt wurde und damals in der Natur nicht bekannt war. (Erst später fand man es in Spuren auf der Erde und in einer Reihe von Sternen.)

Das unbeständigste unter den ersten hundert Elementen des Periodensystems ist Francium, dessen längstlebiges Isotop eine Halbwertszeit von nur 22 Minuten hat. Diese Tatsache trug in Verbindung mit der hohen chemischen Aktivität zu den Schwierigkeiten der Entdeckung bei. Schon 1913/14 war man auf eine Restaktivität beim Zerfall des ^{227}Ac aufmerksam geworden, jedoch erst 1939 konnte die Französin *Marguerite Perey* die Verzweigung des ^{227}Ac aufklären und die bei 1,2% der Actinium-Zerfälle auftretende 22-Minuten-Aktivität als ein Eka-Cäsium-Isotop identifizieren, das sie zunächst AcK, später aber zu Ehren ihres Heimatlandes Francium nannte.

Astat ist das zweite Element, das zuerst künstlich hergestellt wurde, und wieder ist *Segrè* an der Entdeckung beteiligt. Er und seine Mitarbeiter *D. Corson* und *K. McKenzie* erhielten es 1940 durch Bestrahlung eines Wismuttargets mit hochenergetischen Alphateilchen. Einige Jahre später fand man natürliches Astat als Bestandteil aller drei radioaktiven Zerfallsreihen.

[1]) **Anschrift: 7050 Leipzig, Permoserstr. 15**

Segrè versuchte auch — neben anderen — die Synthese des Elements Nr. 61. Bei der Bestrahlung von Praseodym mit Alphateilchen erhielt er zweifellos Isotope des Elements Nr. 61, doch erwies sich die Abtrennung von den übrigen seltenen Erden als zu kompliziert. Erst 1947 isolierten die Amerikaner *Marinsky*, *Glendenin* und *Coryell* mittels neuartiger Ionenaustauscher aus ^{235}U-Spaltprodukten nachweisbare Mengen des Elements Promethium. Damit war nun endlich die letzte Lücke geschlossen, 80 Jahre nach der Entdeckung des Periodensystems. Die Kenntnis der Gesetzmäßigkeiten im Periodensystem hat die zielgerichtete Suche und das erfolgreiche Auffinden der in diesem Zeitraum entdeckten 30 Elemente wesentlich erleichtert. Detailliertere Darstellungen der Entdeckungsgeschichte aller Elemente finden sich z. B. in [14].

7. Verschiedene Formen des Periodensystems

In der mehr als hundertjährigen Geschichte des Periodensystems ist eine Vielzahl von Tabellenformen vorgeschlagen worden. Im folgenden sind einige der wichtigen bzw. interessanten Darstellungen erläutert. Da das Periodensystem kurze Perioden mit 8, mittlere Perioden mit 18 und längere Perioden mit 32 Elementen enthält, können die verschiedenen Arten der Tabelle nach der Breite in kurz-, mittel- und langperiodige klassifiziert werden:

Die kurzperiodigen Tabellen besitzen 8 vertikale Spalten, die in zwei „Untergruppen" eingeteilt sind und enthalten im allgemeinen die Lanthaniden und Actiniden nicht. Wie in Teil 1 erwähnt, handelt es sich bei den jeweils zweiten Tabellen *Meyers* und *Mendelejews* um kurzperiodige Systeme. In *Meyers* Tabelle von 1870 beginnen die Reihen mit Gruppe III, was mehrere Vorteile hat (vgl. [15]); der Nachteil derartiger auch aus späterer Zeit stammender optisch ansprechender Systeme, bei denen die Edelgase nicht an den Tabellenrändern stehen, besteht aber darin, daß Elemente verschiedener Perioden nebeneinander auf einer Zeile angeordnet werden müssen. Bei den kurzperiodigen Systemen *Mendelejews* (vgl. Tab. 4 im Teil 1) widerspricht die Aufteilung der Elemente auf die beiden Untergruppen den jetzigen Auffassungen. Die heute gebräuchliche kurzperiodige Tabelle mit den Alkalimetallen und der Kupfergruppe als erste Spalten geht nach [15] auf *Emil Baur* (1911) bzw. *H. Gretschel* und *G. Bornemann* (1883) zurück. Weniger bekannt sind einige kurzperiodige Systeme, die die seltenen Erden und Aktiniden einschließen: So wie die Folge der Hauptgruppenelemente durch die Nebengruppen zur Einordnung der d-Elemente unterbrochen wird, läßt sich analog dazu eine dritte Untergruppe für die f-Elemente einführen. Die erste derartige Form mit jeweils drei Untergruppen a, b und c, die also auch die seltenen Erden enthielt, veröffentlichte *Wilhelm Klemm* im Jahre 1929 [16]. Solche Anordnungen sind später mehrfach erneut vorgeschlagen worden, so jüngst — einschließlich der Aktiniden — von *W. K. Grigorowitsch*.

Die mittelperiodigen Tabellen bestehen aus 18 vertikalen Gruppen ohne Untergruppen. Sie enthalten keine f-Elemente. Wie erwähnt, waren die ersten Tabellen von *Meyer* und *Mendelejew* mittelperiodig (Tab. 2 und 3 im Teil 1). Es gibt interessante mittelperiodige Anordnungen, so etwa ein Periodensystem in Form einer Zickzacklinie von *J. R. Rydberg* aus dem Jahre 1913 und eine räumliche Lemniskate von *F. Soddy* 1914. *Friedrich Kipp* veröffentlichte 1942 eine ebene Projektion dieser Tabellenform [17], sie ist in Tab. 6 dargestellt. Die obere Schleife enthält die Schwermetalle, die untere die Leicht- und die Nichtmetalle. Rechts von der Mittellinie (Sektoren V—VII) stehen die Säurebildner, links (Sektoren I—III) die Basenbildner. Neuartig im Vergleich zu den Tabellen *Meyers* und *Mendelejews* ist die Gegenüberstellung von Elementen negativer und positiver Wertigkeit, wie z. B. Na^{1+} — Cl^{1-}, Mg^{2+} — S^{2-}, Al^{3+} — P^{3-} usw. Weitere Diskussionen dieser chemisch sehr vorteilhaften Darstellung finden sich u. a. in [18].

Tab. 6. Periodensystem von *Kipp* (1942)

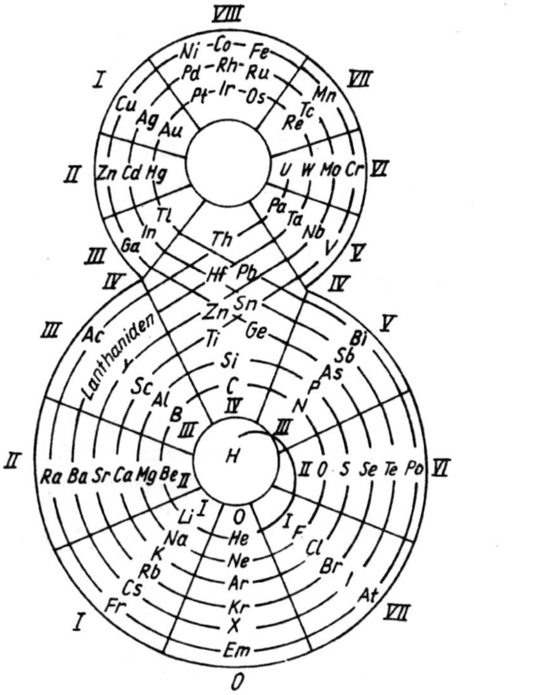

In den langperiodigen Tabellen haben auch die f-Elemente ihren Platz, sie sind also vom Standpunkt der Vollständigkeit den beiden anderen gebräuchlichen Kategorien vorzuziehen. Die älteste langperiodige Darstellung ist eine fächerförmige, die, wenngleich unvollständig, auf *Th. Bayley* 1882 zurückgeht [19], aber durch *J. Thomsen* 1895 [20] und *N. Bohr* 1922 [21] bekannt wurde. Wir bringen sie in einer mit hypothetischen Transuranen ergänzten Form von *Seaborg* (s. u.), Tab. 7 [22].

Eine heute sehr verbreitete Form des Periodensystems stammt von *Alfred Werner* 1905. Sie ist — nach Goldanski [23] ebenfalls durch ferne Transurane erweitert — in Tab. 8 angegeben. Denkt man sich hierin die Perioden VII, VIII und IX weg, ergibt sich das *Werner*sche System [24], das seinerseits bis auf die Lanthaniden mit einer von *Horstmann* 1885 angegebenen mittelperiodigen Tabelle identisch ist.

Möglichst viel chemische Information wollte *H. D. Hardt* 1966 in seiner Darstellung entsprechend Tab. 9 aufzeigen [6, 25]: Innerhalb der Gruppen stehen enger verwandte Elemente in ungeteilten Feldern oder sind durch gestrichelte Linien verbunden. Elemente mit f^0-, f^7- und f^{14}-Konfiguration stehen untereinander. Wegen ihrer Verwandtschaft zu den Erdalkalien sind die Elemente Eu, Yb, Am und No diesen nahegerückt. Weitere Beziehungen sind in der Tabelle angegeben, in der gewöhnlich noch die Säure- und Basenbildner durch Färbung gekennzeichnet sind (siehe z. B. [26]).

Ein interessantes hochsymmetrisches System stammt von *D. Neubert* (1969), welcher durch eine unkonventionelle Betrachtungsweise eine Doppelschalenstruktur des Periodensystems herausarbeitete [27], s. Tab. 10. Es ist in Form

Tab. 7. Periodensystem von *Bayley*, *Thomsen* und *Bohr* in einer Darstellung von *G. T. Seaborg* (1969)

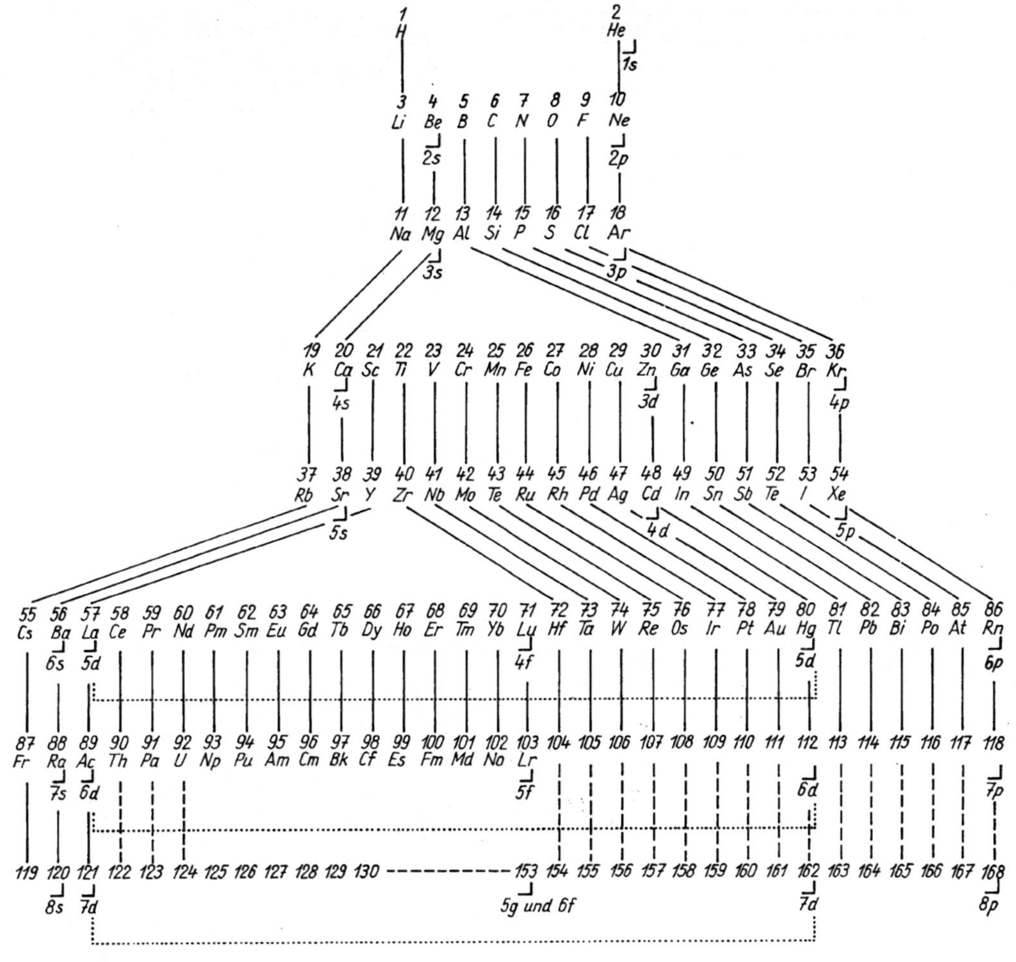

Tab. 8. Periodensystem nach *Goldanski* (1970)

Periode					
I	1 H				2 He
II	3 4 Li Be				5 6 7 8 9 10 B C N O F Ne
III	11 12 Na Mg				13 14 15 16 17 18 Al Si P S Cl Ar
IV	19 20 K Ca			21 22 23 24 25 26 27 28 29 30 Sc Ti V Cr Mn Fe Co Ni Cu Zn	31 32 33 34 35 36 Ga Ge As Se Br Kr
V	37 38 Rb Sr			39 40 41 42 43 44 45 46 47 48 Y Zr Nb Mo Tc Ru Rh Pd Ag Cd	49 50 51 52 53 54 In Sn Sb Te I Xe
VI	55 56 Cs Ba		57 58 59 60 61 62 63 64 65 66 67 68 69 70 La Ce Pr Nd Pm Sm Eu Gd Tb Dy Ho Er Tm Yb	71 72 73 74 75 76 77 78 79 80 Lu Hf Ta W Re Os Ir Pt Au Hg	81 82 83 84 85 86 Tl Pb Bi Po At Rn
VII	87 88 Fr Ra		89 90 91 92 93 94 95 96 97 98 99 100 101 102 Ac Th Pa U Np Pu Am Cm Bk Cf Es Fm Md No	103 104 105 106 107 108 109 110 111 112 Lr Ku Ns	113 114 115 116 117 118
VIII	119 120	121.....138	139 140 141 142 143 144 145 146 147 148 149 150 151 152	153 154 155 156 157 158 159 160 161 162	163 164 165 166 167 168
IX	169 170	171.....188	189 190 191 192 193 194 195 196 197 198 199 200 201 202	203 204 205 206 207 208 209 210 211 212	213 214 215 216 217 218
		g-Elemente	f-Elemente	d-Elemente	

einer Dreiecksmatrix angeordnet, deren Matrixelemente einzelne Kästchen sind, die $4 \cdot (2l + 1)$ chemische Elemente enthalten. Für jede Einzelschale ist die Summe aus Haupt- und Nebenquantenzahl $n + l = N$ eine Konstante. (Auf diese Möglichkeit machten schon *E. Madelung* 1926 und *S. A. Goudsmit* und *P. I. Richards* 1964 aufmerksam.) Das neue Periodensystem wird theoretisch (durch einen besonderen Lösungsweg bei der nichtrelativistischen Behandlung der *Schrödinger*-Gleichung) begründet, wobei jedes chemische Element durch 5 Quantenzahlen charakterisiert ist. (Die fünfte Quantenzahl $c = \pm 1/2$ liefert zusammen mit der Spinquantenzahl $s = \pm 1/2$ den angege-

Tab. 9. Periodensystem nach *Hardt* (1966)

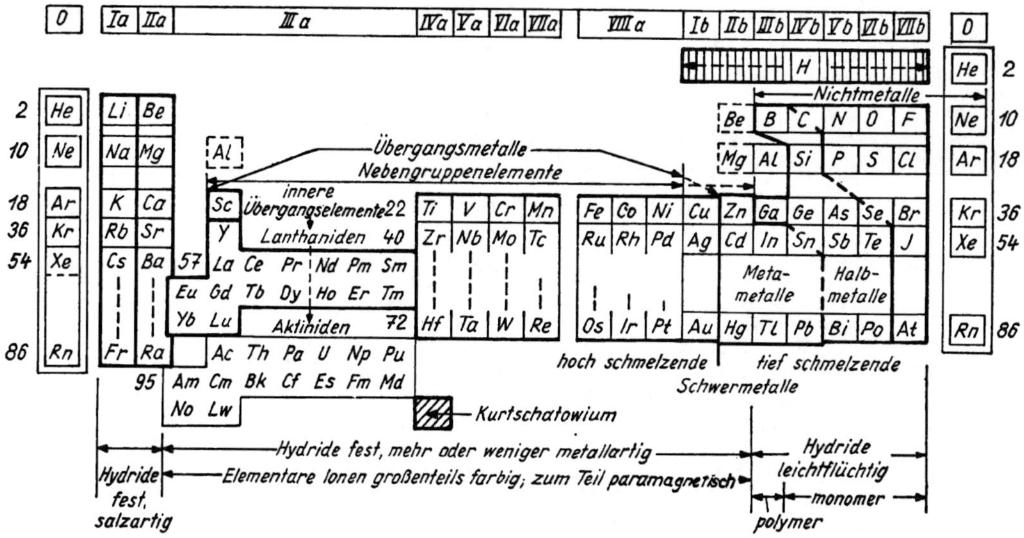

Tab. 10. Periodensystem nach *Neubert* (1969)

l=3		l=2		l=1		l=0		$\bar{N}$	N
89 Ac, 90 Th, 91 Pa, 92 U, 93 Np, 94 Pu, 95 Am	96 Cm, 97 Bk, 98 Cf, 99 Es, 100 Fm, 101 Md, 102 No	103 Lw, 104 Ku, 105, 106, 107	108, 109, 110, 111, 112	113, 114, 115	116, 117, 118	119	120	3	8
57 La, 58 Ce, 59 Pr, 60 Nd, 61 Pm, 62 Sm, 63 Eu	64 Gd, 65 Tb, 66 Dy, 67 Ho, 68 Er, 69 Tu, 70 Yb	71 Lu, 72 Hf, 73 Ta, 74 W, 75 Re	76 Os, 77 Ir, 78 Pt, 79 Au, 80 Hg	81 Tl, 82 Pb, 83 Bi	84 Po, 85 At, 86 Rn	87 Fr	88 Ra		7
		39 Y, 40 Zr, 41 Nb, 42 Mo, 43 Tc	44 Ru, 45 Rh, 46 Pd, 47 Ag, 48 Cd	49 In, 50 Sn, 51 Sb	52 Te, 53 I, 54 Xe	55 Cs	56 Ba	2	6
		21 Sc, 22 Ti, 23 V, 24 Cr, 25 Mn	26 Fe, 27 Co, 28 Ni, 29 Cu, 30 Zn	31 Ga, 32 Ge, 33 As	34 Se, 35 Br, 36 Kr	37 Rb	38 Sr		5
				13 Al, 14 Si, 15 P	16 S, 17 Cl, 18 Ar	19 K	20 Ca	1	4
				5 B, 6 C, 7 N	8 O, 9 F, 10 Ne	11 Na	12 Mg		3
						3 Li	4 Be	0	2
						1 H	2 He		1

benen Faktor 4 bei der Entartung der Kästchen.) Damit kommt *Neubert* mit nur vier *Coulomb*schalen $\bar{N} = l_{max}$ aus. Anhand der Elektronegativitäten und Ionisationsenergien wird in [27] der Doppelschalencharakter diskutiert, ferner werden Beziehungen des Periodensystems zum Wasserstoffspektrum behandelt und neue Problemstellungen aufgezeigt.

Die angegebenen Beispiele, die sich bis ins letzte Jahrzehnt weiterführen ließen (vgl. z.B. [28]), machen wohl deutlich, daß viele Forscher eine reizvolle Aufgabe darin erblickten, das natürliche System der chemischen Elemente nach gewissen Gesichtspunkten formal zu vervollkommnen. Zahlreiche weitere Darstellungen sind in [15] abgebildet und beschrieben.

8. Die Erweiterung des Periodensystems durch die Transurane

Mit dem „annus mirabilis", dem Wunderjahr 1932, begann ein neuer Abschnitt in der Geschichte der modernen Physik. Die wichtigste der in diesem Jahr so zahlreichen Entdeckungen war wohl die des Neutrons durch *Chadwick*. Als *Fermi* und seine Mitarbeiter zwei Jahre später Uran mit Neutronen bestrahlten, begann auch für das Periodensystem eine neue Etappe seiner Geschichte — erhoffte sich doch *Fermi* damit, das Periodensystem über das Uran hinaus zu erweitern. Zweifellos erhielt er dabei tatsächlich das zunächst gesuchte Element Nr. 93, die schwache Strahlung des Transurans wurde aber von der viel stärkeren Erscheinung der Kernspaltung überdeckt. Insofern unterlag *Fermi* trotz Logik und Sorgfalt seiner Experimente der Täuschung, die beim Neutronenbombardement des Urans erhaltene Spaltnuklidaktivität für das Element Nr. 93 zu halten. Der Gedanke einer Kernspaltung erschien allen Physikern der damaligen Zeit absurd, hätte dies doch bedeutet, daß ein einziges leichtes Neutron in der Lage wäre, dem Uran ein Dutzend oder noch mehr Protonen zu entreißen. Nur *Ida Noddack* sah schon 1934 die Möglichkeit der Kernspaltung voraus, sie wurde hierin aber nicht ernst genommen. Durch die Bemerkung *A. v. Grosses* veranlaßt, *Fermis* „Transurane" wären keine neuen Elemente, sondern nur Protactinium-Isotope, wendeten sich die Mitentdecker des Protactiniums *Hahn* und *Meitner* nun auch der Uranproblematik zu. Bekanntlich führte dies 1938 zur Entdeckung der Kernspaltung, in den vier Jahren davor aber unterlagen sie der gleichen Täuschung, die Elemente 93 bis 97 gefunden zu haben. Als sich 1937 *Irène Joliot-Curie* und *Paul Savitch* in diese Arbeiten einschalteten, wurde die Verwirrung nur noch größer.

Erst nachdem die Kernspaltung entdeckt worden war, konnte der 1934 von *Fermi* gewiesene Weg zur Erzeugung der Transurane erfolgreich fortgesetzt werden. Kurioserweise begann die „endgültige" Entdeckung des Elements Nr. 93 wieder mit einer Täuschung, diesmal jedoch in umgekehrter Richtung: *Edwin McMillan* wollte 1939 die Weglänge der Uran-Spalttrümmer untersuchen. Er fand eine Aktivität, in der er ein Transuran vermutete, fühlte sich aber als Physiker für die erforderlichen chemischen Untersuchungen nicht kompetent genug. Dafür erbot sich der damals schon bekannte *E. Segrè*, der als Ursache der neuen Aktivität irrtümlicherweise ein Spaltnuklid ansah. Doch *McMillan* ließ sich dadurch nicht entmutigen. Als zu Anfang d. J. 1940 *McMillans* Studienfreund *Ph. Abelson* seinen Urlaub bei ihm verbringen wollte, wurden daraus für beide intensive Arbeitstage und -nächte, in denen sie die Existenz des Neptuniums sicherstellen konnten. Damit war nach so vielen Verirrungen endlich der erste wesentliche Schritt getan, das Periodensystem nach höheren Ordnungszahlen hin zu erweitern.

Die teilweise ebenso spannende Entdeckung der folgenden Transurane kann in diesem Zusammenhang nicht gleichermaßen ausführlich dargestellt werden; Einzelheiten über die Entdeckungsgeschichte und die für das Periodensystem wichtigen chemischen Eigenschaften findet man u. a. in [13, 14, 29—34]. Die wesentlichen Züge der Aktinidenproblematik müssen aber erwähnt werden:

Bereits bei den ersten Transuranen erhob sich natürlich die Frage nach ihrer Eingliederung in das Periodensystem. *Bohr*, der schon 1924 den Mut hatte, die Existenz eines Eka-Radons mit der Ordnungszahl 118 vorauszusagen, hielt eine den seltenen Erden analoge Untergruppe von 14 Elementen für wahrscheinlich, die bei der Ordnungszahl 94 beginnen sollte. Ende der dreißiger Jahre waren die Elemente $_{89}$Ac, $_{90}$Th, $_{91}$Pa und $_{92}$U in dieser Reihenfolge den Nebengruppen 3 bis 6 zugeordnet, insbes. wegen ihrer Wertigkeit: Ac ist ein typisch dreiwertiges Element, Th ein vierwertiges, von Pa sind Verbindungen bekannt, in denen es vier- und fünfwertig vorkommt, und die Hauptwertigkeit von Uran ist sechs. Nach der Entdeckung der beiden ersten Transurane $_{93}$Np und $_{94}$Pu ergab sich, daß diese den Elementen Re und Os aus der 7. bzw. 8. Nebengruppe viel weniger ähneln als dem Uran. (Sie betätigen z.B. auch die Wertigkeit 6.) Daher lag nun der Schluß nahe, daß die von *Bohr* vorhergesagte Vierzehnergruppe bereits beim Uran beginne. Dann müßte man aber auch für das nächsthöhere Transuran die Wertigkeit 6 erwarten. Die darauf beruhenden Experimente zum Nachweis des Elements Nr. 95 verliefen jedoch negativ. Dies war für *Glenn T. Seaborg* im Jahre 1944 Anlaß zu einer Analyse der ersten interperiodischen Gruppe im Periodensystem, der Lanthaniden. Sie führte ihn bald zu der Vermutung, daß die gesuchte Gruppe schon nach dem Actinium beginne. Diese Hypothese erbrachte noch im gleichen Jahr die Entdeckung der Elemente $_{96}$Cm und $_{95}$Am und wurde auch in der Folgezeit glänzend bestätigt. Die obere Grenze des Periodensystems konnte dann immer weiter vorgeschoben werden; wenn auch in mühsamer Kleinarbeit, so doch nicht ganz planlos. Dank der dem Periodensystem innewohnenden Gesetzmäßigkeiten wußte man schon im voraus etwas über die neu zu findenden Elemente, was der Suche eine Zielrichtung verlieh. Indem man sich auf das Periodensystem stützte, gelang es, dieses zu erweitern.

Bei der Transuranerzeugung lassen sich drei Gruppen von Reaktionen unterscheiden: Die ersten Transurane Np bis Md erhielt man durch Beschuß von Aktiniden mit Neutronen oder Alphateilchen, die Elemente 102 bis 106 bildeten sich nach Beschuß von Aktiniden mit schweren Ionen (von ^{11}B bis ^{22}Ne), und eine „echte" Synthese der Transurane 106 und 107 gelang durch Verschmelzung von Elementen mittlerer Ordnungszahl (Reaktionen von Cr-Ionen mit Pb- bzw. Bi-Targets).

Eine wesentliche Rolle spielte die chemische Identifizierung des 1964 entdeckten Elements $_{104}$Ku: *Ivo Zvara* fand 1965, daß das Kurtschatovium ein Homologes des Hafniums ist; die Aktinidengruppe besteht also tatsächlich aus 14 Elementen, deren letztes $_{103}$Lr (Lawrencium) ist. In entsprechender Weise erwartete man in Element 105 (Hahnium Ha oder Nielsbohrium Ns) das Eka-Tantal. Wenn die sehr schwierigen Experimente dies auch bestätigt haben, könnte nach [33] das Element 105 dem Vanadium mehr als dem Tantal ähneln; das allerdings wäre eine überraschende Änderung der Eigenschaften innerhalb der 5. Nebengruppe.

Über die Chemie des 1974 entdeckten Elementes 106 sowie über die des 1976 aus Dubna gemeldeten (jedoch in Berkeley angezweifelten) Elements 107 ist bisher kaum etwas bekannt, die Voraussagen verweisen sie in die 6. und 7. Nebengruppe.

9. Ausblick

Die Ursache des radioaktiven Zerfalls der Transurane liegt darin, daß die zwischen den Nukleonen wirkenden anziehenden Kernkräfte — die stärksten Kräfte der Natur — immer weniger die elektrostatischen Abstoßungskräfte zwischen den mit wachsender Ordnungszahl zunehmenden Protonen kompensieren können. Bei einer bestimmten Ordnungszahl wird die Lebensdauer eines erzeugten Atomkerns so kurz sein, daß sich keine stabile Elektronenhülle bilden kann. Wegen der *Coulomb*schen Abstoßungskräfte zwischen den Protonen ist dem Periodensystem daher eine (numerisch noch nicht bekannte) obere Grenze gesetzt.

Wenn auch bei den bisherigen Transuranen die Entstehungsquerschnitte und Halbwertszeiten mit wachsender Ordnungszahl i. allg. immer geringer und dadurch auch ihre Erzeugung und Identifizierung immer schwieriger wurden, so folgt daraus aber nicht, daß diese Grenze bald erreicht wäre. Vielmehr ist zu erwarten, daß die Halbwertszeiten mit weiter wachsender Ordnungszahl wieder zunehmen. Dies folgt aus dem Schalenmodell des Atomkerns, nach dem sich bei abgeschlossenen Protonen- oder Neutronenschalen, insbes. bei doppeltem Schalenabschluß, kugelförmige und schwer deformierbare Kerne ergeben, die relativ stabil gegen jede Zerfallsart sind. Zunächst glaubte man, daß auch die höheren magischen Zahlen für Protonen und Neutronen gleich seien, *Meldner* und *Röper* (1965) errechneten jedoch Unterschiede: Der nächste Abschluß einer Protonenschale findet nicht erst bei $Z = 126$ (magische Neutronenzahl), sondern schon bei $Z = 114$ statt. Da die nächste abgeschlossene Neutronenschale bei $N = 184$ erwartet wird, sollte sich um den doppelt magischen Kern ^{298}114 eine Insel relativer Stabilität erstrecken, mit geschätzten Halbwertszeiten von 10^8 Jahren und mehr. Eine weitere gegen Spaltung quasistabile Insel liegt bei der magischen Protonenzahl 164. Beide magischen Inseln jenseits der stabilen Elemente des Periodensystems werden also wieder recht langlebige Elemente enthalten. Die Ursache für ihr Fehlen oder nur geringes Vorkommen in der

Natur läßt sich mit der Elemententstehungshypothese erklären, nach der die schweren Elemente durch Anlagerung von Protonen, Neutronen und α-Teilchen aus den leichten Kernen gebildet worden sind: Der „Graben der Instabilität" nach dem Uran konnte durch Anlagerung kleiner Bruchstücke nicht überbrückt werden. Lediglich bei den in Supernova-Explosionen auftretenden hohen Energien sind Fusionen zu superschweren Elementen denkbar, so daß diese – wenn überhaupt in der Natur – vor allem in der kosmischen Strahlung vorhanden sein sollten [35].

Die Entwicklung der Schwerionenbeschleuniger wird es vielleicht in Kürze ermöglichen, wenigstens einige der längerlebigen „superheavies" zu synthetisieren, detaillierte Vorschläge dafür gibt es genügend. In verschiedenen Instituten unternimmt man außerdem beträchtliche Anstrengungen, um superschwere Elemente in der Natur zu finden. Einen dritten Weg zeigten erstmals *J. Rafelski* u. a. 1971 [36]: Statt auf die Verschmelzung von Kernen zu superschweren Atomen zu warten, lassen sich experimentelle Informationen (z. B. Röntgenspektren) über superschwere Atome schon gewinnen, wenn sich zwei schwere Kerne nur genügend weit nähern, vgl. z. B. [37].

Die fernen Transurane werden für die Kernphysik, die Quantenelektrodynamik, die Atomphysik, die Chemie u. a. Zweige der Naturwissenschaft eine Fülle bisher ungewohnter Erscheinungen bereithalten. So ist schon im Gebiet der ersten Stabilitätsinsel die β-verzögerte Kernspaltung als eine neue Zerfallsart denkbar, wobei nach einer β-Umwandlung ein Folgekern entsteht, der sich sofort spaltet [38]. Nach [39] sollten allgemein bei der Spaltung überschwerer Kerne etwa 10 Neutronen emittiert werden, manche der überschweren Kerne sollten auch durch thermische Neutronen spaltbar sein. Völlig unbekannt sind uns bisher Drei- und Vierfachspaltungen, deren Wahrscheinlichkeit bei der Wechselwirkung sehr schwerer Kerne stark zunimmt, siehe z. B. [40].

Bei der sogenannten kritischen Kernladungszahl $Z = 172$ wird die Bindungsenergie der 1s-Elektronen größer als $2\,m_e c^2 \approx 1$ MeV, d. h., das 1s-Niveau taucht in das negative Energiekontinuum der Dirac-Gleichung ein [41, 42]. In diesem überkritischen Feld wäre die K-Schale Bestandteil des Vakuums. (Analoges würde sich mit der $p_{1/2}$-Schale bei $Z = 184$ ereignen.) Selbst wenn auf dem Wege der gewöhnlichen Kernverschmelzung der überkritische Bereich $Z > 172$ nicht erreicht wird, ist es doch nach *Reinhardt* und *Greiner* wahrscheinlich, daß sich im Schwerionenstoß eine hinreichend lange existierende superkritische Kernladung erzeugen läßt, so daß der Zerfall des neutralen Vakuums durch die dabei emittierten Positronen beobachtet werden kann [43].

Nachdem die Kernphysik die mögliche Existenz ferner Transurane so nahegelegt hat, ist es für die theoretische Chemie sehr reizvoll, deren Eigenschaften vorauszusagen. Sie befindet sich hierin in einer wesentlich günstigeren Position als seinerzeit *Mendelejew,* sind doch die Eigenschaften der bekannten Elemente und die Gesetzmäßigkeiten des Periodensystems mittlerweile viel besser erforscht, vor allem aber kann sie sich der modernen quantenmechanischen Rechenverfahren auf leistungsfähigen Computern bedienen. In einer Anzahl Publikationen wurden Prognosen bis hinein in die zweite Insel der relativen Stabilität angegeben, etwa bereits 1968 von *G. T. Seaborg* [32, 22]. *B. Fricke* veröffentlichte 1975 *Dirac-Fock*-Elektronenkonfigurationen für die Grundzustände der freien neutralen Atome bis zum Element 168 [44]. Der Zusammenhang zwischen den elektronischen und chemischen Eigenschaften ist jedoch kompliziert, so daß zur Ermittlung der letzteren weitere Theorien (VB-Theorie, *Born-Haber*-Kreisprozeß u. a.) hinzugezogen werden müssen. Eine Übersicht bisheriger Prognosen ist in [33] enthalten, vgl. auch [34, 45–49]. Kurz skizziert ergibt sich folgendes (s. hierzu die Tab. 7, 8, 10):

Die Elemente 104 bis 121 sind als Homologe der Elemente Hf bis Ac aufzufassen, wobei sich mehr als bei den niederen Homologen die Eigenschaften durchaus unterscheiden können: So ist nach *Pitzer* das Eka-Quecksilber, Element 112, edler als Quecksilber und wird eine flüchtige Flüssigkeit, wenn nicht sogar ein Gas sein, da die Atome nur durch Dispersionskräfte zusammengehalten werden. Auch das augenblicklich interessanteste Transaktinidenelement Eka-Blei (Nr. 114) wird wegen der abgeschlossenen $7p_{1/2}$-Schale eine flüchtige Flüssigkeit oder ein Gas sein [50]. Das Eka-Wismut, Element Nr. 115, dürfte sich vor allem durch das Fehlen der Oxydationsstufe V von seinen Homologen unterscheiden [51]. *Grosse* sagt für das Edelgas Eka-Radon, Element 118, eine noch größere Reaktionsfreudigkeit voraus, als sie schon für Xenon bekannt ist [52]. Damit in Übereinstimmung befindet sich die Schlußfolgerung von *Penneman* und *Mann* [53] für das Element 119, wonach dies das erste Alkalimetall mit Oxydationszahlen größer als I sein soll.

An diese Elemente schließen sich die von *Seaborg* [22] so genannten „Superaktiniden" an, das ist eine neuartige Untergruppe von 32 Elementen, bei denen erstmalig im Periodensystem eine innere g-Schale aufgefüllt wird. Wahrscheinlich ähneln sich die Superaktiniden sehr weitgehend untereinander, was eine außerordentlich komplizierte Chemie zur Folge hätte. (Abweichend hiervon und von [44] faßte *Goldanski* die Elemente 121 bis 138 zur Gruppe der „Oktadekaniden" oder g-Elemente zusammen [14, 23].) Daran schließen sich weitere Elemente an, bei denen im wesentlichen die 7d-Schale aufgefüllt wird. Das wegen der magischen Protonenzahl interessante Element Dwi-Blei Nr. 164 hat wohl in den drei äußersten Orbitalen die gleiche Elektronenkonfiguration wie Blei, läßt aber wegen der sehr starken Bindungsenergie der beiden (äußersten) $8p_{1/2}$-Elektronen ein edelgasähnliches Verhalten erwarten [45]. An dieser Stelle sei auf die von *Seaborg* [22] beobachtete Merkwürdigkeit hingewiesen, daß die Elemente mit höheren magischen Protonenzahlen $_{50}$Sn, $_{82}$Pb, $_{114}$Eka-Pb und $_{164}$Dwi-Pb alle in der 4. Hauptgruppe stehen, obwohl Kernschalenstruktur und Gruppennummer voneinander unabhängig sein sollten. Im Element Dwi-Radon Nr. 168 mag man wohl ein Edelgas vermuten, die Rechnungen liefern jedoch etwas anderes: Nach [44, 45] enthält die achte $p_{1/2}$-Schale statt der für ein Edelgas erforderlichen sechs nur zwei Elektronen, während bereits je zwei 9s- und $9p_{1/2}$-Elektronen vorhanden sind.

Man sieht, daß eine naive Extrapolation im Gebiet der fernen Transurane zu Fehlern führen kann, und daß dort auch für den Chemiker manche Überraschung wartet. Wenn schon die skizierten Einzelheiten naturgemäß mit Unsicherheiten behaftet sein müssen, besitzen Eintragungen von Elementen noch höherer Ordnungszahl in die Tabellen sehr spekulativen Charakter. Jenseits der zweiten Insel relativer Stabilität wird das Periodensystem wegen der *Coulomb*kräfte zwischen den Protonen abbrechen; möglicherweise lassen sich auch manche Elemente in den Bereichen der beiden „Instabilitätsgräben" überhaupt nicht synthetisieren.

In diesem Bericht konnten nicht alle wichtigen Fakten zur Geschichte des Periodensystems angemessen ausführlich behandelt werden. Ebenso ist die Literaturauswahl sehr subjektiv. (Zahlreiche weitere Quellen findet man in der zitierten Literatur.) Doch ist wohl zu erkennen, daß das Periodensystem über hundert Jahre nach seiner Entdeckung noch immer zu den aktuellen Forschungsobjekten gehört. Während es im vorigen Jahrhundert in erster Linie Gegenstand der Chemie war und in den ersten Jahrzehnten unseres Jahrhunderts in enger Wechselwirkung vor allem mit der Physik stand, können Fortschritte in der Zukunft nur in enger Zusammenarbeit von Physikern und Chemikern erzielt werden, wobei der Entwicklung der Schwerionenbeschleuniger eine wesentliche Bedeutung zukommt.

Eingegangen am 18. 6. 1980

Literatur

[12] *K.-P. Dostal*, Isotopenpraxis **16** (1980) 345
[13] *K. Hoffmann*, Kann man Gold machen? Urania-Verlag Leipzig/Jena/Berlin 1979
[14] *I. W. Petrjanow-Sokolow* (Hrsg.), Bausteine der Erde, Bände 1 bis 4, Verlag Mir, Moskau und Urania-Verlag Leipzig/Jena/Berlin 1976/77
[15] *E. Mazurs*, Chem.-Ztg. **80** (1956) 195
[16] *W. Klemm*, Z. anorg. allg. Chem. **184** (1929) 345
[17] *F. Kipp*, Naturwissenschaften **30** (1942) 679
[18] *G. Langhammer*, Das Periodensystem, Volk und Wissen Verlag Berlin 1949
[19] *Th. Baylay*, Philos. Mag. [5] **13** (1882) 26, vgl. auch die Zitate in [15]
[20] *J. Thomsen*, Z. anorg. Chem. **9** (1895) 190 und 283
[21] *N. Bohr*, Drei Aufsätze über Spektren und Atombau, Braunschweig 1922, S. 132
[22] *G. T. Seaborg*, Chemie in unserer Zeit **3** (1969) 131
[23] *V. I. Goldanski*, Journ. of Chem. Educ. **47** (1970) 406
[24] *A. Werner*, Ber. dtsch. chem. Ges. **38** (1905) 914
[25] *H.-D. Hardt*. Natwiss. Rdsch. **22** (1969) 302
[26] Kleine Enzyklopädie Atom, VEB Bibliograph. Institut Leipzig 1970
[27] *D. Neubert*, Z. Naturforsch. **25a** (1970) 210
[28] *R. Mills*, American Journ. of Phys. **40** (1972) 1168; *Б. Г. Коноnельченко, Ю. Б. Рмер*, Успехи физ. наук **129** (1979) 339
[29] *G. T. Seaborg*, Transurane, Franckh'sche Verlagsbuchhandlung Stuttgart 1966
[30] *Th. Moeller*, Journ. of Chem. Educ. **47** (1970) 417
[31] *Ch. K. Jörgensen*, Angew. Chem. **85** (1973) 1
[32] *G. T. Seaborg*, Ann. Rev. Nucl. Sci. **18** (1963) 53
[33] *O. L. Keller, G. T. Seaborg*, Ann. Rev. Nucl. Sci. **27** (1977) 139
[34] *G. Herrmann, K.-E. Seyb*, Naturwiss. **56** (1969) 590
[35] *W. Greiner*, Umschau **69** (1969) 365
[36] *J. Rafelski* u. a., Phys. Rev. Lett. **27** (1971) 958
[37] *G. Soff, W. Greiner*, Phys. Blätter **30** (1974) 345
[38] *E. Ye. Berlovich, Yu. N. Novikov*, Phys. Lett. **29B** (1969) 155
[39] *J. R. Nix*, Los Alamos Scient. Labor. Ber. LA-DC-10530 (1969)
[40] *U. Mosel* u. a., Z. f. Phys. **228** (1969) 371
[41] *F. G. Werner, J. A. Wheeler*, Phys. Rev. **109** (1958) 126
[42] *W. Pieper, W. Greiner*, Z. Phys. **218** (1969) 327
[43] *J. Reinhardt, W. Greiner*, Preprint 1977
[44] *B. Fricke*, in: Structure and Bonding, ed. *J. D. Duniz* et al., Springer Verlag Berlin, **21** (1975) 89
[45] *B. Fricke, W. Greiner*, Physik in unserer Zeit **1** (1970) 21
[46] *Б. М. Кедров, Д. Н. Трифонов*, О современных проблемах периодической системы, Москва, Атомиздат 1974
[47] *I. P. Grant* und *N. C. Pyper*, Nature **265** (1977) 715
[48] *В. Л. Елецкий, В. С. Попов*, Журнал экспериментальной и теоретической физики **73** (1977) 2046
[49] *J. A. Medeiros*, Umschau **78** (1978) 735
[50] *K. S. Pitzer*, J. Chem. Phys. **63** (1975) 1032
[51] *O. L. Keller, C. W. Nestor, B. Fricke*, J. Phys. Chem. **78** (1974) 1945
[52] *A. V. Grosse*, J. Inorg. Nucl. Chem. **27** (1965) 509
[53] *R. A. Penneman, J. B. Mann*, in: Proc. Moscow Symp. Chem. Transuranium Elem., J. Inorg. Nucl. Chem. Suppl. 1976, ed. *V. I. Spitsyn* and *J. J. Katz*, Pergamon Press Oxford

Fortschrittsberichte

Stand und Entwicklungstendenzen auf dem Gebiet der Isotopen- und Strahlentechnik

Stand und Entwicklungsmöglichkeiten der Ionisationsgasanalyse Teil II. Aerosolionisations- und Ionisierungsquerschnittsdetektoren

J. W. Leonhardt, H.-J. Große, P. Popp

(Zentralinstitut für Isotopen- und Strahlenforschung der AdW der DDR)[1]

Die Ionisationsgasanalyse ist eine gasanalytische Methode, die auf der Änderung der durch Ionisation von Atomen oder Molekülen hervorgerufenen Leitfähigkeit von Gasen beruht. Ausgehend von einer allgemeinen Charakterisierung der auf diesem Verfahren basierenden Ionisationsdetektoren (Elektroneneinfang-, Aerosolionisations-, Ionisierungsquerschnitts- und Edelgasdetektoren) werden deren Theorie, Eigenschaften, Hauptanwendungsgebiete und Entwicklungsmöglichkeiten aufgezeigt und diskutiert.

Keywords

aerosols; gas analysis; gas chromatography; ionization; ionization gages; radiation detectors; radiometric gages; reviews

5. Aerosolionisationsdetektor (AID)

5.1. *Theorie*

Der Meßeffekt des Aerosolionisationsdetektors (AID) beruht auf der durch Kleinionenanlagerung [1] bedingten Rekombination von Ladungsträgern bei Anwesenheit von Aerosolen. Die praktische Nutzung dieses Meßprinzips für gasanalytische Zwecke erfolgte zuerst durch *Morris*, *v. Heine*-Geldern [2] und *Maley* [3]. Die nachzuweisende Komponente wird in einem substanz- bzw. substanzgruppenspezifischen Aerosolgenerator durch eine geeignete chemische Reaktion (s. Tab. 2 und [2–12]) in ein Aerosol umgewandelt, das in einer Ionisationskammer mit eingebauter Strahlungsquelle eine Verminderung des Ionisationsstromes hervorruft. Diese Ionisationsstromänderung ist ein Maß für die Konzentration der Meßkomponente.

Eine ausführliche Darstellung der im Detektor stattfindenden Wechselwirkungsprozesse, die zu einer Erzeu-

[1]) Anschrift: 7050 Leipzig, Permoserstr. 15

Tab. 1 Wechselwirkungsprozesse im AID [14]

Vorgang	Reaktion	
Ionisation	$R + (M,N) \rightarrow (M_i^+, N_i^+) + e^- + R'$	(1)
Bildung negativer Ionen	$e^- + N \rightarrow N_i^- + pB_i$	(2)
Komplexionenbildung	$(M_i^+ + N_i^+) + (jM + kN) \rightarrow K_e^+$ $N_i^- + (jM + kN) \rightarrow K_e^-$	(3)
Bildung von Großionen	$A + (K_e^+, M_i^+, N_i^+) \rightarrow G_m^+$ $A + (K_e^-, N_i^-, e^-) \rightarrow G_m^-$	(4)
Rekombination von Kleinionen	$(M_i^+, N_i^+, K_e^+) + (N_i^-, e^-, K_e^-) \rightarrow$ (nM, oN, pB_i)	(5)
Rekombination v. Klein- u. Großionen	$(M_i^+, N_i^+, K_e^+) + G_m^- \rightarrow (A, nM, oN, pB_i)$ $(N_i^-, e^-, K_e^-) + G_m^+ \rightarrow (A, nM, oN, pB_i)$	(6)

R,R' = Kernstrahlung, M = elektropositives Gas, N = elektronegatives Gas, B_i = Bruchstücke, M_i^+, N_i^+, N_i^- = Ionen, e^- = Elektronen, K_e^+, K_e^- = Komplexionen, A = Aerosolteilchen, G_m^+, G_m^- = Großionen $i, \ldots, p = 0, 1, 2, 3 \ldots$

Tab. 2. Nachweis typischer Meßkomponenten mit Aerosolionisationsgasanalysatoren

Aerosolerzeugung	Substanzgruppe	nachgewiesene Verbindungen	Nachweisgrenzen [4, 12, 17, 20]
Pyrolyse [3–5]	– Metallkarbonyle – metallorg. Verb.	$Ni(CO)_4$, $Fe(CO)_5$, $Co(CO)$ $(C_4H_9)Sn$, $(C_4H_6)_3ClSn$, $Pb(C_2H_5)_4$, $Pb(CH_3)_4$	1 ppb ... 40 ppm 20 ppb
Gas-Fest-Reaktion mit heißem CuO [5, 6]	– Halogenkohlenwasserstoffe	C_3H_7Cl, C_4H_9Cl, CH_2Cl_2, $CHCl_3$, CCl_4, C_2HCl_3, CH_2CCl_3, C_3H_7Br, C_2HF_3ClBr, C_2Cl_4	40 ppb ... 4000 ppb
Gas-Gas-Reaktion [2, 4, 17] mit CF_3COOH	– basisch reagierende Verbindungen	NH_3, $C_3H_7NH_2$, $C_4H_9NH_2$, $C_6H_5NH_2$, $C_6H_{11}NH_2$, $C_6H_5CH_2NH_2$	10 ppb ... 200 ppb
– mit Amin	– sauer reagierende Verbindungen	NO_2, HNO_3, CF_3COOH, HCl, HF, Cl_2, $COCl_2$, F_2, ClF_3, SO_3	1 ppb ... 400 ppb
chem. Vorreaktion u. Gas-Gas-Reakt. [2, 4, 11, 17]	– organische und anorganische Stoffe, die sich i. stark sauer o. basisch reagierende Verb. wandeln lassen	SO_2, AsH_3, CH_2BrCH_2Br, CH_2ClCH_2Cl, CCl_3NO_3, ClCN, CH_3Br, HCN, $(CH_3)_2NCOCH_3$	3 ppb ... 1 ppm

gung, Modifizierung und Vernichtung von Ladungsträgern führen, erfolgte durch *Popp*, *Große* und *Oppermann* [10, 13]. In Tab. 1 sind die wichtigsten Prozesse vereinfacht dargestellt [14]. Die Erzeugung der Ladungsträger im Detektor erfolgt durch Ionisation (1). Sie werden durch (2), (3), (4) modifiziert. Dabei entstehen negative Ionen (nur bei Anwesenheit elektronegativer Gase), Komplexionen und Großionen beiderlei Vorzeichens. Durch Rekombination von Komplexionen und Ionen untereinander (5) und mit Großionen (6) werden Ladungsträger vernichtet. Letzterer Prozeß erfolgt wegen der relativ kleinen Beweglichkeiten der Großionen ($B < 0{,}1\ \mathrm{cm^2V^{-1}s^{-1}}$) mit hoher Wahrscheinlichkeit und bewirkt vor allem den Meßeffekt des AID.

Ausgehend von einem Gleichgewichtszustand der oben dargestellten Wechselwirkungsprozesse berechnete *Große* [14] unter vereinfachenden Annahmen die Strom-Spannungs-Charakteristik einer „idealen" Ionisationskammer:

$$U = 2\sqrt{\alpha_R q}\, R_T \cdot \frac{i}{\sqrt{(\beta_A \bar{Z})^2 + 4\alpha_R q\,(1 - i/i_s)} - (\beta_A \bar{Z})} \qquad (1)$$

Der Widerstand R_T bei U = 0 ist gegeben durch:

$$R_T = \sqrt{\frac{\alpha_R}{q}}\,\frac{d}{e(B^+ + B^-)\,F} = \frac{\sqrt{\alpha_R}\,d^2}{(B^+ + B^-)\sqrt{eVi_s}} \qquad (2)$$

In (1), (2) sind i der Ionisationsstrom, i_s der Sättigungsstrom, U die Kammerspannung, d der Elektrodenabstand, F die Fläche der Elektroden, V das Volumen des Detektors, B^+, B^- die Beweglichkeiten der positiven bzw. negativen Ionen oder Elektronen, e die Elementarladung, q die Zahl der pro Zeit- und Volumeneinheit gebildeten Ionenpaare (Ionisierungsdichte), α_R der Rekombinationskoeffizient der positiven bzw. negativen Ionen oder Elektronen, β_A der Anlagerungskoeffizient der Kleinionen an Aerosolteilchen und $\bar{Z}$ die Zahl der Aerosolteilchen pro Volumeneinheit. Der Anlagerungskoeffizient β_A kann nach *Gunn* [15] und anderen Autoren [16] näherungsweise berechnet werden:

$$\beta_A = \frac{4\pi De^2}{kT \exp(e^2/kTr) - 1} \approx 4\pi Dr \ (\text{für } r \geqq 10^{-5}\,\text{cm}) \qquad (3)$$

wobei D der Diffusionskoeffizient der Kleinionen, k die *Boltzmann*konstante, T die Temperatur und r der Radius der Aerosolpartikel sind.

Durch Differentiation von (1) kann unter Zuhilfenahme von (2) und (3) die minimal nachweisbare Konzentration $c_{\min}$ (Erkennbarkeit des Signals mit 99,7% Wahrscheinlichkeit) des AID ermittelt werden [12] ($i_0/i_s \approx 0{,}76$):

$$c_{\min} = \frac{4\pi\varrho r^3 \cdot SP}{0{,}3\eta\beta_A}\sqrt{\frac{\alpha_R}{eVI_s}} = \frac{\varrho r^2 \cdot SP}{0{,}3\eta D}\sqrt{\frac{\alpha_R}{eVI_s}} \quad (4)$$

In (4) bedeuten ϱ die Dichte der Aerosolteilchen, η den Umwandlungsgrad der nachzuweisenden Komponente in das Aerosol und SP die halbe Nullinienbreite des mit einer Zeitkonstante τ registrierten Ionisationsgrundstromes i_0 (Abwesenheit des Aerosols). Die Empfindlichkeit E_N des AID unter diesen Bedingungen wird durch Multiplikation des reziproken Wertes von $c_{\min}$ mit SP und $b = 3$ erhalten.

Der Einfluß der Umgebungsparameter Druck p, Temperatur T und evtl. Luftfeuchte F auf die Ionisationsströme i_0, i und damit auf das Meßsignal kann mit Hilfe der Gleichungen (1)–(3) für unterschiedliche Betriebsbedingungen und Geometrien des AID berechnet werden, indem in diese Gleichungen die Abhängigkeit von q, i_s, B^+, B^-, α_R und β_A von diesen Größen eingesetzt wird [14].

Experimentelle Untersuchungen zur Gültigkeit der Gleichungen (1)–(4) bei unterschiedlichen Ionisierungsverhältnissen [14] zeigten, daß diese in guter Näherung das Verhalten des AID beschreiben. Der Linearbereich entspricht mit etwa 10^3 dem des ECD [17].

5.2. *Aufbau des AID*

Der prinzipielle Aufbau eines AID ist aus Abb. 1 zu ersehen. Der Aerosolgenerator zur Erzeugung von Aerosolen durch Pyrolyse, Katalyse oder andere geeignete chemische Reaktionen befindet sich unmittelbar vor der Ionisationskammer (Abb. 1 (b)). Bei Gas-Gas-Reaktionen erfolgt die Aerosolbildung in der Ionisationskammer, in die das zur Aerosolbildung erforderliche Reagens eingeleitet wird [2, 10–12] (s. Abb. 1 (a)).

Die Ionisationskammer besitzt üblicherweise eine Zylinder- oder Halbkugelgeometrie. Da durch Wahl bestimmter Ionisierungsverhältnisse [14, 18, 19] Möglichkeiten bestehen, das Verhältnis von Signal zu Störeinflüssen bedeutend zu verbessern, wurden in kontinuierlich messende AID mit Volumina zwischen 50 und 1000 ml [3–6, 11, 12, 17, 20–22] die verschiedenartigsten Strahlungsquellen, wie ^{85}Kr- [10–17, 21–23], ^{226}Ra- [3, 4], ^{241}Am- [18, 20], ^{3}H- [19] und ^{63}Ni-Quellen [5, 6, 9] eingebaut. Bei Betrieb des AID als Detektor für die Gas-Chromatographie (gepackte Säulen) [10, 13, 17, 24] betrug das Volumen der Ionisationskammer mit eingebauter 85-Kr-Quelle weniger als 1 ml. Als Trägergas für kontinuierlich messende AID ($v = 30$–200 l/h) wurde bisher ausschließlich Luft, bei Betrieb des AID als Gas-Chromatographie-Detektor [13, 17, 23] ($v = 3$ l/h) außer Luft auch Stickstoff verwendet.

Eine Optimierung der Betriebsbedingungen des AID bzgl. seiner Leistungsparameter ist etwas schwieriger als beim ECD, da zusätzlich der Aerosolgenerator optimiert und an die Ionisationskammer angepaßt werden muß. Die günstigsten Betriebsbedingungen des Aerosolgenerators können gegenwärtig nur empirisch ermittelt werden, während die Ionisationskammer mit Hilfe der von *Große* [14; 41] abgeleiteten Beziehungen (s. auch Gl. (1)–(4)) optimiert werden kann.

5.3. *Eigenschaften und Hauptanwendungsgebiete des AID*

Die Hauptvorteile des AID bestehen in der mit diesem Detektor hochempfindlich nachweisbaren, großen Zahl der verschiedensten Meßkomponenten, seiner einstellbaren Spezifität für einzelne Komponenten und Gruppen verwandter Stoffe gemäß der gewählten Aerosolbildungsmethode und der Möglichkeit des kontinuierlichen [3] und diskontinuierlichen Betriebes als Detektor für die Gas-Chromatographie [24]. In Tab. 2 und 3 sind die mit Aerosolionisationsgasanalysatoren (AIG) [4, 11, 12, 17, 20] bei kontininuierlicher Messung bzw. die mit einem für die Gas-Chromatographie modifizierten AID [10, 13, 17, 24, 25, 26]

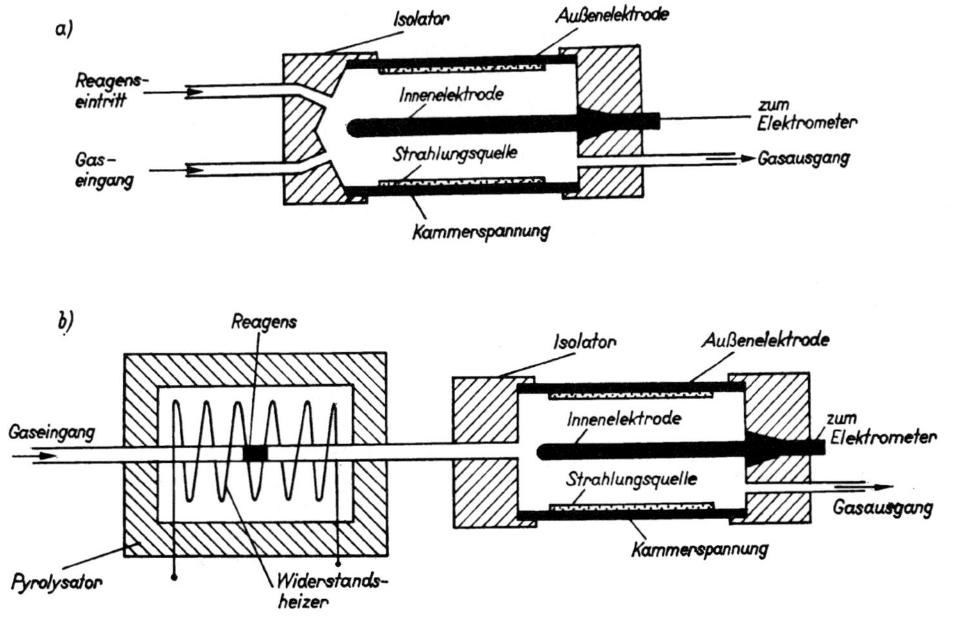

Abb. 1. Prinzipieller Aufbau eines Aerosolionisationsdetektors (AID)
a) – Erzeugung von Aerosolen im Detektor; b) – Erzeugung von Aerosolen außerhalb des Detektors

Tab. 3. Nachweisgrenzen toxischer Verbindungen mit dem Aerosolionisationsdetektor für die Gaschromatographie [17, 22–25]

Aerosolerzeugung	Substanzgruppe	Nachgewiesene Verbindungen	Nachweisgrenzen, mol/s Trägergas Luft	N_2
Gas-Fest-Reaktion mit heißem CuO	Halogenkohlenwasserstoffe	Allychlorid $CH_2{:}C_2H_3Cl$	$7{,}5 \times 10^{-13}$	$4{,}5 \times 10^{-14}$
		Butylchlorid C_4H_9Cl	$4{,}0 \times 10^{-13}$	$2{,}0 \times 10^{-13}$
		Methylenchlorid CH_3Cl_2	$4{,}0 \times 10^{-13}$	$2{,}5 \times 10^{-13}$
		Propyljodid C_3H_3J	kein Nachweis	$3{,}0 \times 10^{-13}$
		Halan C_2HF_3ClBr	$1{,}2 \times 10^{-13}$	$7{,}0 \times 10^{-14}$
		Trichloräthylen $CHCl{:}CCl_2$	$1{,}6 \times 10^{-12}$	$5{,}0 \times 10^{-13}$
		Tetrachlormethan CCl_4	$2{,}0 \times 10^{-13}$	$8{,}0 \times 10^{-14}$
Gas-Gas-Reaktion mit Trifluoressigsäure	basisch reagierende Verbindungen	Ammoniak NH_3	$8{,}0 \times 10^{-13}$	
		n-Butylamin n-$C_4H_9NH_2$	$4{,}0 \times 10^{-13}$	
Gas-Gas-Reaktion mit n-Butylamin	sauer reagierende Verbindungen	Stickstoffdioxid NO_2	$3{,}0 \times 10^{-12}$	
		Chlorwasserstoff HCl	$1{,}0 \times 10^{-12}$	
		Chlor Cl_2	$1{,}0 \times 10^{-12}$	
		Fluorwasserstoff HF	$1{,}3 \times 10^{-12}$	

erhaltenen Nachweisgrenzen für eine große Zahl typischer Meßkomponenten angegeben.

Haupteinsatzgebiet des AIG ist die Umweltschutzmeßtechnik. Bevorzugt werden Aerosolionisationsgasanalysatoren aufgrund ihres ausgezeichneten Zeitverhaltens (Ansprechzeit < 15 s) zur automatisch-kontinuierlichen Messung von Schadstoffen (s. Tab. 2), an Arbeitsplätzen (MAK-Wert-Kontrolle) und in der Gaswarntechnik [3–11, 12, 17, 20–22] eingesetzt. Die günstigen Nachweisgrenzen verschiedener Schadstoffe (z.B. SO_2, NO_2, s. Tab. 2) ermöglichen auch seinen Einsatz zur Kontrolle der Immissionskonzentration (MIK-Werte). Nach entsprechender Meßgasaufbereitung kann der AIG auch für Emissionsmessungen eingesetzt werden. Überdies erlaubten die o. g. günstigen Eigenschaften des AID die Konzipierung und den Bau eines multivalent nutzbaren AIG für Probleme des Umweltschutzes [11, 12, 17]. Weitere Anwendungsgebiete dieses Gerätes können die Lecksuche und die Kontrolle chemischer Prozesse sein.

Die gaschromatographische Modifikation des AID [24] wird gleichfalls in einem Umwelt-Gas-Chromatographen bevorzugt [17, 25, 26] zum Nachweis von Schadstoffen in Luft genutzt. Die Kopplung des AID mit einer gaschromatographischen Trennsäule erhöht dessen Trennschärfe und ermöglicht den selektiven, hochempfindlichen gleichzeitigen Nachweis einer großen Zahl von Schadstoffen (s. Tab. 3). Ein derartiger Umwelt-Gas-Chromatograph mit AID kann mit und ohne Anreicherung der Meßkomponenten zum Nachweis von Schadstoffen im MIK-, MAK- und MEK-Bereich eingesetzt werden. Außerdem ist es mit diesem Gerät möglich, übliche Spurengasanalysen durchzuführen.

Nach Ansicht der Autoren sind mit den dargestellten Beispielen die Anwendungsmöglichkeiten des AID im kontinuierlichen und diskontinuierlichen Betrieb längst nicht erschöpft, insbesondere dann nicht, wenn es gelingt, weitere geeignete Aerosolbildungsverfahren zu entwickeln

6. Ionisierungsquerschnittsdetektor

6.1. Theorie

Der Ionisierungsquerschnittsdetektor (CSD) ist der erste Kernstrahlungsdetektor für die Gaschromatographie [27 bis 29]. Sein Meßprinzip beruht auf dem Unterschied der Ionisierungsquerschnitte von Meßkomponente und Trägergas.

Der Ionisationsstrom i_0 eines CSD, dessen Strahlungsquelle $\dot{n}$ Teilchen pro Zeit- und Volumeneinheit in das Volumen V emittiert, ist durch:

$$i_0 = \dot{n} e d V \sigma_T N \tag{5}$$

gegeben. Dabei sind σ_T der Ionisierungsquerschnitt des Trägergases, e die Elementarladung, d der Elektrodenabstand und N die Zahl der Atome oder Moleküle pro cm^3. Gleichung (5) gilt streng nur, wenn im CSD die Einzelstoßbedingungen $N\sigma d \ll 1$ erfüllt ist. Untersuchungen von *Große* [30] zeigten jedoch, daß Gleichung (5) bis zu Werten $N\sigma d \approx 30$ erfüllt ist.

Die Empfindlichkeit E_N eines CSD für eine Meßkomponente mit dem Ionisierungsquerschnitt σ_F und dem Molekulargewicht M_F ergibt sich mit Hilfe von (5) unter Annahme eines idealen Gases und konstanten Druckes zu

$$E_N = \frac{i_0 R T_0}{M_F v_0 p_0} \cdot \left(\frac{\sigma_F}{\sigma_T} - 1\right) \tag{6}$$

In Gleichung (6) sind R die Gaskonstante und v_0 die bei einem Druck p_0 und einer Temperatur T_0 bestimmte Gasstromgeschwindigkeit des Trägergases. Eine näherungsweise Berechnung der relativen Ionisierungsquerschnitte σ_F/σ_T kann mit Hilfe der Methoden von *Otvos* und *Stevenson* [31] und *Große* und *Bothe* [30, 32, 33] (s. Tab. 4, 5) erfolgen. Die Nachweisgrenze c_{min} des CSD ergibt sich nach (5) und (6) zu

$$c_{min} = \frac{3 p_0 v_0 M_F}{\sqrt{2 \dot{n} \tau R} \cdot T_0 \left(\frac{\sigma_F}{\sigma_T} - 1\right)} \tag{7}$$

wobei τ die Zeitkonstante der Meßanordnung ist.

Eine Betrachtung der Gleichungen (6) und (7) zeigt, daß sich Empfindlichkeit bzw. Nachweisgrenze des CSD verbessern (p_0, T_0, v_0 = const.), falls Strahlungsquellen mit hoher Aktivität und günstiger Energie der emittierten Teilchen (β-Strahlung: $E \approx 75$ eV) verwendet werden und ein Trägergas mit kleinem σ_T gewählt wird.

Die Ausdehnung des Linearbereiches des CSD wird durch die Größe des Wertes $N\sigma d$ bestimmt, bei dem Gleichung (5) gerade noch gilt. Wird dieser Wert bei vorgegebener Detektorgeometrie, Strahlungsquelle und den Betriebsbedingungen p_0, T_0, v_0 sowie alleiniger Anwesenheit der Meß-

Tab. 4. Relative atomare Ionisierungsquerschnitte σ_A nach *Otvos* und *Stevenson* [31]

Element σ_A	Element σ_A	Element σ_A	Element σ_A
H 1,00	A 10,9	Br 18,0	Te 25,6
He 0,694	K 38,8	Kr 17,4	J 25,0
Li 8,29	Ca 42,1	Rb 58,4	Xe 24,1
Be 6,31	Sc 38,3	Sr 64,3	Cs 73,5
B 5,02	Ti 36,8	Y 59,5	Ba 78,1
C 4,16	V 34,6	Zr 59,8	Hg 27,4
N 3,84	Cr 28,1	Nb 57,6	Tl 30,1
O 3,29	Mn 30,1	Mo 52,5	Pb 31,2
F 1,85	Fe 28,0	Tc 48,0	
Ne 1,75	Co 26,1	Ru 44,1	
Na 14,3	Ni 24,4	Rh 40,6	
Mg 15,9	Cu 18,4	Pd 25,1	
Al 15,4	Zn 16,0	Ag 34,8	
Si 14,4	Ga 17,9	Cd 22,1	
P 13,8	Ge 18,4	In 24,8	
S 12,8	As 18,7	Sn 25,8	
Cl 11,8	Se 18,5	Sb 26,1	

Tab. 5. „Bindungsquerschnitte" nach *Große* und *Bothe* [30, 32, 33] (Normierung auf Pentan = 32,8)

Bindung	Bindungsquerschnitt	Bindung	Bindungsquerschnitt
(C–H)	1,95	(C–Cl)′	12,8
σ(C–C)	2,35	(C–Cl)″	10,6
π(C–C)	1,90	(C–Br)′	18,9
(N–H)	1,55	(C–Br)″	16,2
σ(C–N)	2,39	(C–J)′	26,3
π(C–N)	1,21	(C–J)″	21,4
(O–H)	2,81		
σ(C–O)	3,20		
π(C–O)	1,94		

komponente im Detektor nicht überschritten, wird Linearität der Anzeige bis zu 100% der Meßkomponente erreicht. Anderenfalls wird der Linearbereich entsprechend verkürzt.

6.2. *Aufbau des CSD*

Neben den üblichen Anforderungen an die Geometrie, an die Materialien der Isolatoren und Elektroden und an die Strahlungsquelle von Kernstrahlungsdetektoren für die Gaschromatographie, ist beim CSD besonders der oben diskutierte Zusammenhang zwischen Detektorgeometrie und Reichweite bzw. Energie der aus der Strahlungsquelle emittierten Teilchen zu beachten. CSD sind so zu dimensionieren, daß nur ein verschwindend kleiner Teil der Energie der ionisierenden Strahlung im Detektorvolumen absorbiert wird. In Normal-CSD ($V = 1 \ldots 5$ ml) werden deshalb energiereiche Strahler wie 85-Kr, 90-Sr, 63-Ni [28, 30, 32, 34] eingesetzt, während es in Miniatur- bzw. Mikro-CSD ($V < 1$ ml) möglich ist, 3-H-Quellen [34 bis 37] zu verwenden. Die bisher bekannten CSD besitzen eine Platten- bzw. Zylindergeometrie [27–30, 32, 35, 36, 38], wobei ein homogenes elektrisches Feld angestrebt wird.

Aufgrund ihrer kleinen Ionisierungsquerschnitte werden als Trägergase für CSD im allgemeinen Wasserstoff [28, 35, 36] oder Helium + 5% Methan [36] verwendet. Die Arbeitsspannung des CSD (in üblichen Detektoren ca. 100–300 V) legt man meist 50 bis 100 V über den Einsatzpunkt des Sättigungsbereiches. In diesem Fall sind keine hohen Forderungen an die Stabilität der Versorgungsspannung zu stellen.

6.3. *Eigenschaften und Hauptanwendungsgebiete des CSD*

Die Hauptvorteile des CSD gegenüber anderen Detektoren für die Gaschromatographie bestehen in seiner nichtspezifischen Anzeige, günstiger Berechenbarkeit seines Signals (Empfindlichkeit und Nachweisgrenze), seiner ausgezeichneten Stabilität und einem dynamischen Bereich bis zu 100%. Tab. 6 zeigt die wichtigsten Eigenschaften typischer CSD. CSD wurden bisher bevorzugt zur Analyse von Inertgasen, Fettsäuren und Steroiden [35, 36], in der Prozeß-Gaschromatographie und in der präparativen Gaschromatographie eingesetzt. Eine Anwendung von CSD in der Umweltanalytik wird von [17] beschrieben. Mikro-CSD sind für den Einsatz in der Kapillarsäulen-Gas-Chromatographie geeignet [36]. Eine spezielle Anwendung von CSD erfolgte bei den Raumflugexperimenten der NASA [35, 36, 39]. Es erscheint auch möglich, den CSD ohne gaschromatographische Trennsäule im kontinuierlichen Betrieb bei der Prozeßkontrolle einzusetzen, sofern das zu überwachende Gas als binäres Gemisch angesehen werden kann [40]. Nach Ansicht der Autoren sind mit den genannten Beispielen die Anwendungsgebiete des CSD noch nicht erschöpft.

Eingegangen am 20. 3. 1980

Literatur

[1] *E. v. Schweidler*, Wiener Ber. **127** (1918) 953; **128** (1919) 947; **133** (1924) 23, 28

[2] *A. R. Morris, R. v. Heine-Geldern*, BRD-PS 1086460 (1958)

[3] *L. E. Maley*, Nucleonics **3** (1960) 126

Tab. 6. Eigenschaften typischer CSD

Parameter	Normal-CSD [27–29, 32]	Miniatur-CSD [36]	Mikro-CSD [35]	Differenz-CSD [36]
V, ml	1 ... 5	0,008	0,008	2 × 0,25
Trägergas	H_2	He + 5% CH_4	–	–
v_0, ml/min	25	25	2	25
i_0, A für H_2	$2 \cdot 10^{-8}$	$5 \cdot 10^{-9}$	$1{,}3 \cdot 10^{-9}$	$2{,}5 \cdot 10^{-8}$
Rauschen SP	10^{-13}	10^{-13}	10^{-13}	10^{-13}
$E_N \frac{A \cdot s}{g}$	$1{,}5 \cdot 10^{-4}$	10^{-3}	10^{-1}	$4 \cdot 10^{-4}$
c_{min}, g/s bei $\tau = 1$ s	$2 \cdot 10^{-8}$	$3{,}2 \cdot 10^{-10}$	$3{,}2 \cdot 10^{-11}$	$1{,}6 \cdot 10^{-9}$
Linearbereich L	10^8(100%)	$3 \cdot 10^5$(60%)	$3 \cdot 10^5$(60%)	$1{,}5 \cdot 10^5$

[4] *E. Engelhardt*, ATM 362 (1966) R 45–56
[5] *H.-J. Große*, Acta IMEKO, Vol. III Measurement and Instrumentation B-609 (1973), Academiai Kiado, Budapest
[6] *P. Adler, H.-K. Bothe*, W. *Drechsler*, Chemische Technik 8 (1968) 162
[7] *H.-K. Bothe, H.-J. Große, N. Gorski*, DDR-PS 90441 (1971)
[8] *N. Gorski*, DDR-PS 110117 (1974)
[9] *H.-K. Bothe, P. Adler, J. Flachowsky, P. Niklas*, DDR-PS 75827 (1970)
[10] *P. Popp, H.-J. Große, G. Oppermann*, J. Chromatogr. 147 (1978) 47
[11] *H.-J. Große, H.-R. Döring, F. Gleisberg*, Materialien der Tagung Naucpripor RGW-78, 17.–20. 10. 1978, Moskau
[12] *H.-J. Große, H.-R. Döring, F. Gleisberg*, Materialien der 2. Tagung Nukleare Analysenverfahren 19.–23. 3. 1979, Dresden. Publikation in Radioanalytical Chemistry (in Vorb.)
[13] *P. Popp, H.-J. Große, G. Oppermann*, Isotopenpraxis 11 (1976) 414
[14] *H.-J. Große*, ZfI-Mitteil. 14 (1978) 100
[15] *R. Gunn*, Jour. of Meterology 11 (1954) 339
[16] *J. Bricard, J. Pradel* in *C. N. Davies* "Aerosol Science" Academic Press, London/New York (1966, 87
[17] *H.-J. Große, P. Popp*, Technik und Umweltschutz 21 (1979) 50
[18] *H.-J. Große, F. Gleisberg*, DDR-PS 113810 (1974)
[19] *H. Derfler*, BRD-PS 1046372 (1957)
[20] Sammelprospekt der Auergesellschaft GmbH, Meßtechnik, Berlin-West
[21] *E. Schöntube, P. Popp, H.-J. Große, F. Gleisberg, G. Oppermann*, Zeitschr. f. d. allg. Hygiene u. ihre Grenzgebiete 5 (1976) 318
[22] *P. Popp, G. Oppermann, F. Gleisberg*, Chem. Technik 29 (1977) 99
[23] *A. Weber, P. Popp*, Zeitschrift f. d. allg. Hygiene und ihre Grenzgebiete 23 (1977) 746
[24] *P. Popp, H.-J. Große, G. Oppermann*, DDR-PS 96781 (1972)
[25] *P. Popp, H.-J. Große, G. Oppermann*, Chem. Technik 31 (1979) 46
[26] *P. Popp, G. Oppermann*, Materialien der Tagung Naucpribor RGW-78, 17.–20. 10. 1978, Moskau
[27] *D. J. Pompeo, J. W. Otvos*, Shell Development Co., US-Patent 2641710 (1953)
[28] *M. Boer*, "Vapour Phase Chromatography" (*D. H. Desty* Ed.), Butterworth Co. Ltd. London 1957, 169
[29] *C. H. Deal, J. W. Otvos, V. N. Smith, P. S. Zucco*, Anal. Chem. 28 (1960) 1958
[30] *H.-J. Große*, Dissertation A, Karl-Marx-Universität Leipzig 1970
[31] *J. W. Otvos, D. P. Stevenson*, J. Am. Chem. Soc. 78 (1956) 546
[32] *H.-J. Große, H.-K. Bothe*, Z. f. Naturforschung 10 (1968) 1583
[33] *H.-J. Große, H.-K. Bothe*, Z. f. Naturforschung 12 (1970) 1970
[34] *J. Lasa, B. Lesniewska*, Chemia Analyczna 13 (1968) 1247
[35] *J. E. Lovelock, G. R. Shoemake, A. Zlatkis*, Anal. Chem. 28 (1960) 1958
[36] *J. E. Lovelock, G. R. Shoemake, A. Zlatkis*, Anal. Chem. 36 (1964) 1410
[37] *P. E. Washbrooke*, Nature 207 (1965) 1138
[38] *H.-K. Bothe*, Isotopentechnik 1 (1960/61) 163
[39] *V. Hubner*, J. of Gas Chromatography 4 (1966) 121
[40] *E. R. Colson*, Anal. Chem. 47 (1975) 805
[41] *H.-J. Große*, Isotopenpraxis 17 (1981) Heft (im Druck)

Stand und Entwicklungsmöglichkeiten der Ionisationsgasanalyse Teil III. Edelgasdetektoren, Indirekter Elektron-Mobility-Detektor und Schlußfolgerungen

J. W. Leonhardt, H.-J. Große, P. Popp

(Zentralinstitut für Isotopen- und Strahlenforschung der AdW der DDR)[1])

Keywords

gas analysis; gas chromatography; ionization; ionization gages; radiation detectors; radiometric gages; rare gases; reviews

7. Edelgasdetektoren

7.1. *Theorie*

Die Multiplikation von Ladungsträgern durch feldbeschleunigte Elektronen erfolgt im Bereich der unselbständigen Entladung. Sie wurde von *Lovelock* [1] erstmals für β-Argondetektoren zur Steigerung der Empfindlichkeit E_N angewandt. Detektoren im Bereich der selbständigen Entladung [2] haben sich nicht bewährt.
Folgende Prozesse der Ladungsträgerbildung laufen ab:

$$\beta^- + A, B \rightarrow A^+, B^+ + e^- + \beta^-$$
$$\beta^- + A, B \rightarrow A^*, B^* + \beta$$

Primäre Ladungsträgerbildung und Anregung durch β-Strahlung

Die ersten Anregungsniveaus der Edelgasatome, A*, sind metastabil, ihre Energien liegen bei $\varepsilon_{ex} = 11{,}6$ eV, 16,5 eV, 19,8 eV für Argon, Neon Helium. Durch Wechselwirkung von Molekülen B mit metastabil angeregten Zuständen A* entstehen weitere Ladungsträger. Folgende Stoßprozesse zweiter Art finden statt:

Penning-Effekt: $A^* + B \rightarrow A + B^+ + e^- (\varepsilon_I(B) < \varepsilon_{ex}(A))$ [3]

Hornbeck-Molnar-Effekt $A^* + A \rightarrow A_2^+ + e^- (\varepsilon_I(A_2) < \varepsilon_{ex}(A))$ [4, 5]

Büttner-Schade-Effekt: $A^* + A^* \rightarrow A^+ + A + e^- \times (\varepsilon_I(A) < 2\varepsilon_{ex}(A)$ [6, 7]

Da feldbeschleunigte Elektronen mit wachsender Feldstärke E durch inelastische Stöße zum Vorrat an A* zunehmend beitragen, beginnen die Stöße II. Art bei der Ladungsträgerbildung zu dominieren:

$$e^- + (eEd) + A, B \rightarrow A^*, B^* + e^- \quad (8)$$

Konkurrenzprozesse sind alle Löschprozesse, die die Anregungsniveaus ohne Ladungsträgerbildung vernichten. Die wichtigsten sind:

$$A^* + A \rightarrow A + h\nu \quad (8)$$
$$A^* + B \rightarrow A + B + h\nu$$
$$A^* + B \rightarrow A + B^*$$
$$B^* \rightarrow B + h\nu$$
$$A^* + \text{Metallwand} \rightarrow A + kT, h\nu \quad (9)$$

Strenggenommen muß berücksichtigt werden, daß die Wandlöschung auch Ladungsträger erzeugt, da $\varepsilon_{ex}(A) > e\varphi_w$ (φ_w = Ablösearbeit) immer gilt. Es konnte gezeigt werden, daß die Hauptkonzentration angeregter Spezies

[1]) Anschrift: 7050 Leipzig, Permoserstr. 15

[10] in homogenen Feldern in Anodennähe austritt. Aus dieser treten aber infolge der Gegenfelder keine Elektronen aus. Faßt man diese Prozesse in ein physikalisches Modell, kann eine genäherte quantitative Theorie der Edelgasdetektoren hergeleitet werden [11], die für den Ionisationsstrom folgenden Ausdruck liefert:

$$\frac{i}{i_0} = \frac{1}{\left(1-\frac{2\beta_0 i}{\alpha_0}\right)\exp\left[-\tau_A \alpha_0 B_0 (eE)^{3/2}\right] - \frac{2\beta_0 i_0}{\alpha_0^2}\left[1-\tau_A \alpha_0 B_0 (eE)^{3/2}\right]} \quad (1)$$

β_0, α_0, B_0 sind zusammenfassende Konstanten, τ_A die mittlere Lebenszeit metastabil angeregter Zustände. Kann der *Büttner-Schade*-Prozeß vernachlässigt werden, geht (1) über in

$$\frac{i}{i_0} = \exp\left[\tau_A \alpha_0 B_0 (eE)^{3/2}\right] \quad (2)$$

Das 3/2-Gesetz der Feldstärkeabhängigkeit gibt die experimentellen Werte gut wieder (Abb. 1). Für kleine Werte von c kann (2) wie folgt geschrieben werden:

$$\frac{\Delta i}{i_0} = \frac{3 r_x(0)\, \lambda_e^{1/2}}{2\sqrt[4]{2}\, k^{1/4}} \left(\frac{eE}{\varepsilon_{ex}}\right)^{3/2} \times \frac{\sqrt{\frac{1}{M_A}+\frac{1}{M_B}}\,\sigma_p \cdot c}{\sqrt{\frac{1}{M_A}+\frac{1}{M_B}}\,\sigma_p \cdot c + \sqrt{\frac{2}{M_A}}\,(\sigma_{HM}+\sigma_L)} \quad (8)$$

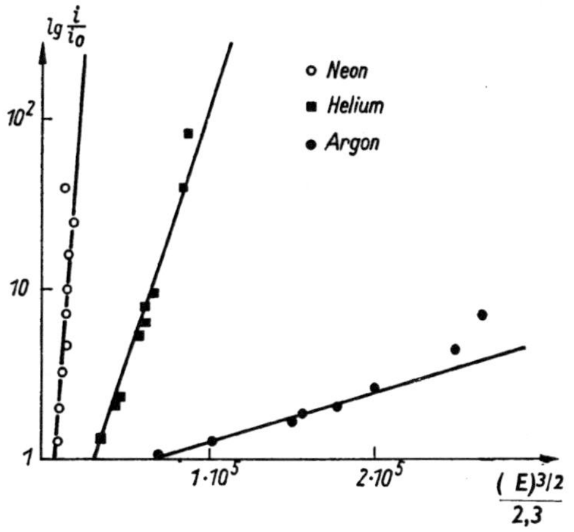

Abb. 1. Abhängigkeit des Ionisationsstromes i vom elektrischen Feld in reinem Argon, Neon und Helium

Dieser Ausdruck gestattet bei Kenntnis der mittleren freien Elektronenweglänge λ_e, der Schichtdicke $r_x(0)$ der Metastabilenverteilung und der Wirkungsquerschnitte des *Penning*-Effektes σ_p, des *Hornbeck-Molnar*-Effektes σ_{HM} und der Löschprozesse σ_L, die Stromänderung Δi direkt zu berechnen. Die Struktur von (3) ist die gleiche wie bei *Knapp* und *Meyer* [12]. Mit (3) können im Prinzip alle interessierenden Größen berechnet werden wie

$$E_N = \frac{dS}{dc} = \frac{di}{dc} \quad (4)$$

$$c_{min} = \frac{b \cdot SP}{E_N} \quad (5)$$

Allerdings kann der für Ionisationsdetektoren, die im Sättigungs- oder Rekombinationsbereich arbeiten, geltende Ausdruck $b \cdot SP = 3 i_0 \sqrt{2 n \tau}$ nicht übernommen werden, weil die Fluktuation des Grundstromes nicht nur von der Statistik des radioaktiven Zerfalls, sondern auch von der Statistik der Bildung und des Zerfalls metastabil angeregter Edelgasatome abhängt. Für eine Zeitkonstante von $\tau \approx 0{,}1$ s kann aus der empirischen Beziehung $b \cdot SP = 5 \times 10^{-13} \cdot i_0$ die minimal nachweisbare Konzentration c_{min} ermittelt werden. Bezüglich des Linearbereiches gilt:

$$L = \frac{c^L}{c_{min}} \quad (6)$$

Es kann leicht gezeigt werden, daß c^L aus der Beziehung

$$c^L = 5 \cdot 10^{-2} \frac{\sqrt{\frac{2}{M_A}}}{\sqrt{\frac{1}{M_A}+\frac{1}{M_B}}} \cdot \frac{\sigma_{HM}+\sigma_L}{\sigma_p} \quad (7)$$

berechenbar ist. Damit wird die Länge des Linearbereiches vom Verhältnis des Löschquerschnittes zum Penningquerschnitt bestimmt. In der Praxis hat sich ein Linearisierungswiderstand [13] gut bewährt, der im Prinzip durch eine Feldstärkeänderung im Detektor die lineare Anzeige für hohe c wieder herstellt. Wird die Konzentration c so groß, daß feldbeschleunigte Elektronen merkbare Anteile ihrer Energie an Moleküle B abgeben, muß (3) korrigiert werden. Die Konzentrationsabhängigkeit durchläuft, wie aus Abb. 2 ersichtlich, ein Maximum.

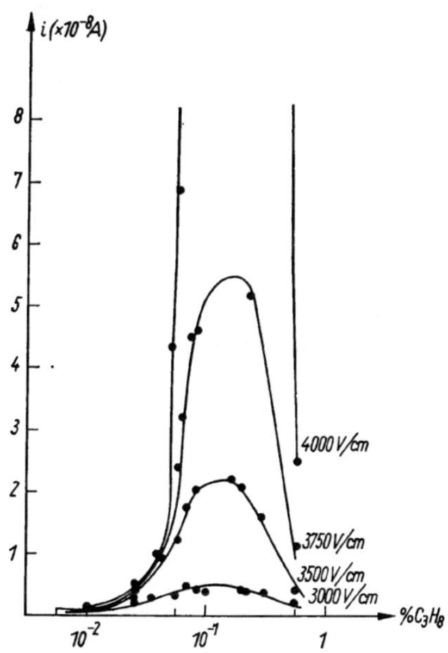

Abb. 2. Abhängigkeit des Ionisationsstromes eines Edelgasdetektors von der C_3H_8-Konzentration in Argon

Die Abhängigkeit der Ladungsträgerbildung im Detektor von der Geschwindigkeit des durchströmenden Gasgemisches v beruht auf der Veränderung des Verhältnisses zwischen Wand- und Volumenstößen Metastabiler. Unterschiede in den starken Abhängigkeiten $i = F(v)$, wie sie von verschiedenen Autoren [14] gemessen wurden, sind in der Detektorgeometrie begründet: Je kleiner die Anodenfläche des Detektors, um so geringer der v-Einfluß. Abb. 3 zeigt die normalisierten Funktionen $i/i_0 = F(v^2/(A' + v^2))$ in He, Ne und Ar. Daraus ist eine gute Übereinstimmung

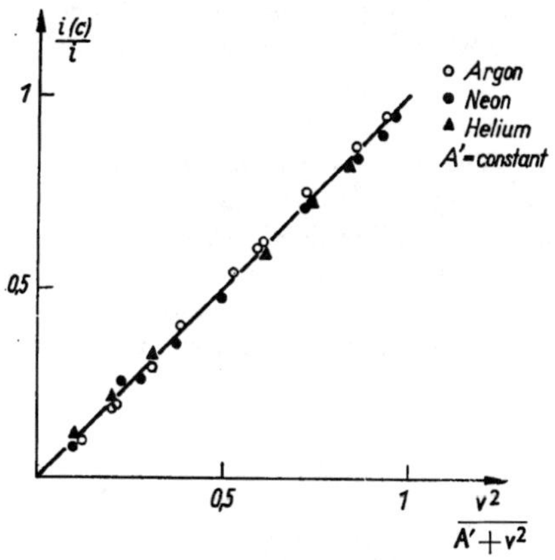

Abb. 3. Abhängigkeit des normalisierten Ionisationsstromes von der Gasgeschwindigkeit

zwischen der theoretischen Behandlung des Effektes [15] und dem Experiment ersichtlich. Wenn $A' \ll v^2 (A' =$ konstanter Faktor), hängt i/i_0 nicht mehr von v ab.

7.2. *Aufbau, Leistungsparameter und Anwendungsgebiete*

Edelgasdetektoren werden mit 3-H-; 63-Ni-, 85-Kr- oder 90-Sr-Strahlenquellen betrieben. Die gebräuchlichen Geometrien sind in Teil I, Abb. 2 dargestellt. Je nach Anwendungsgebiet wurden folgende Varianten entwickelt:

a) Normaldetektor für die Gaschromatographie (Volumen des Ionisationsraumes $V = 1-3\ cm^3$) [16, 17]
b) Mikrodetektor für die Kapillar-GC (Volumen des Ionisationsraumes $V \approx 10^{-3}\ cm^3$) [16]
c) Detektoren mit drei oder vier Elektroden zur Erhöhung der Empfindlichkeit bzw. Senkung des Rauschpegels [16].

Die wichtigsten Parameter von Edelgasdetektoren sind in Tab. 1 zusammengestellt.

Die Empfindlichkeit dieser Detektoren hängt, wie aus Beziehung (3) ersichtlich, von den Querschnitten der Reaktionen und den Massen der Moleküle A und B ab. Folglich sind Edelgasdetektoren spezifische Detektoren.

Die Detektionsgrenzen von Edelgasdetektoren für verschiedene Probesubstanzen sind bei Verwendung der Trägergase Ar, Ne und He in Tab. 2 zusammengestellt. Argondetektoren waren zu Beginn der 60er Jahre zur Spurenanalyse von Kohlenwasserstoffen weit verbreitet, sie verloren jedoch ihre Bedeutung mit dem Einsatz des FID, der leichter zu handhaben ist und dessen Linearbereich etwa 7 Größenordnungen umfaßt. Momentan haben noch Helium- bzw. Neondetektoren eine größere Bedeutung für die Spurenanalytik anorganischer Verbindungen im ppb-Bereich.

Tab. 2. Nachweisgrenzen von Edelgasdetektoren

Substanz	c, ppb		
Trägergas:	Argon	Neon	Helium
H_2		8	1,6
N_2		10	1,3
O_2		4	0,9
H_2O			0,2
SO_2			0,2
NO_2			0,2
C_3H_8	100	0,4	0,3
CH_4		0,5	0,6

Mit Helium oder Neon betriebene Edelgasdetektoren erfordern allerdings eine aufwendige Reinigung der Trägergase, da bereits Spuren von O_2 oder N_2 infolge *Penning*-Effektes den Ionisationsstrom erhöhen und die Konzentration metastabil angeregter Edelgasatome verringern. Gaschromatographen mit Heliumdetektoren werden von den Firmen Varian Aerograph und Carlo Erba hergestellt; im ZfI Leipzig der AdW der DDR werden Neondetektoren [18] zur Umweltanalytik eingesetzt.

8. Indirekter Elektron-Mobility-Detektor

8.1. *Theorie*

Moleküle mit einem Ionisationspotential größer als die Anregungsenergie des Grundgases $\varepsilon_I(B) > \varepsilon_{ex}(A)$ bewirken in einem Edelgas eine Verringerung des Ionisationsstromes. Die Ursachen liegen in folgenden Reaktionen:

(I) $A^* + B \rightarrow A + B + h\nu$ (c_L – Konzentration der
$A^* + B \rightarrow A + B^*$ „löschenden"
$\rightarrow A + B + h\nu$ Moleküle B)

(II) $A + e^- \rightarrow A^* + e^-$
$B + e^- \rightarrow B^* + e^-$

Nach (I) geben die Metastabilen ihre Energie an die Moleküle des Typs B ab. Dieser Transfer geht um so besser, je größer die Zahl möglicher Übergänge ist. Bei größeren Werten von c_L tritt die Anregung von Molekülen des Typs B

Tab. 1. Eigenschaften von Edelgasdetektoren

Parameter	Trägergas		
	Argon	Neon	Helium
E_N, Empfindlichkeit, As/g	1,5	300	300
c_{min}, Nachweisgrenze g/s	4×10^{-11}	5×10^{-13}	5×10^{-13}
SP, Rauschen, A	2×10^{-11}	5×10^{-11}	5×10^{-11}
L, Linearbereich	3×10^3 a)	10^2	10^4
U, Betriebsspannung, V	1200	500	400
V, Volumen, cm^3	1–5	0,8	0,3
τ, Zeitkonstante, s	2×10^{-3}	2×10^{-3}	2×10^{-3}
i_0, Ionisierungsgrundstrom, A	10^{-8}	5×10^{-9}	5×10^{-9}

a) mit Linearisierungswiderstand bestimmt

in Konkurrenz mit der von Metastabilen A*. In Analogie zu (3) für Edelgasdetektoren erhält man für die Ionisationsstromänderung den Ausdruck bei kleinen Werten für c_L:

$$\frac{\Delta i}{i_0} = \frac{3 r_x(0) \cdot \lambda_e^{1/2}}{2 \sqrt[4]{2} \cdot k^{1/4}} \times \frac{\sqrt{\frac{1}{M_A} + \frac{1}{M_B}} \left\{ \sigma_P \sqrt{\frac{1}{M_A} + \frac{1}{M_P}} c_P + \sigma_{HM} \sqrt{\frac{2}{M_A}} \right\}}{\left\{ \sigma_P \cdot c_P \sqrt{\frac{1}{M_A} + \frac{1}{M_B}} + (\sigma_{HM} + \sigma_L) \sqrt{\frac{2}{M_A}} \right\}} \times \left(\frac{eE}{\varepsilon_{ex}}\right)^{3/2} \cdot \sigma_L \cdot c_L \quad (8)$$

Daraus ergeben sich E_N und c_{min}. Die obere Grenze für den Linearbereich c_L erfordert die Beachtung der Prozesse nach (II) in (8):

$$c^L = \frac{0{,}2 \sigma_P c_P \sqrt{\frac{1}{M_A} + \frac{1}{M_P}} + (\sigma_{HM} + \sigma_L) \sqrt{\frac{2}{M_A}}}{\sigma_L - \sqrt{\frac{1}{M_A} + \frac{1}{M_L}}} \quad (9)$$

Abb. 4 zeigt die theoretische Kurve der nach (8) berechneten Empfindlichkeit E_N des Methans im Grundgas Ar + C_3H_8 sowie experimentell bestimmte Werte in Abhängigkeit vom Grundstrom i_0.

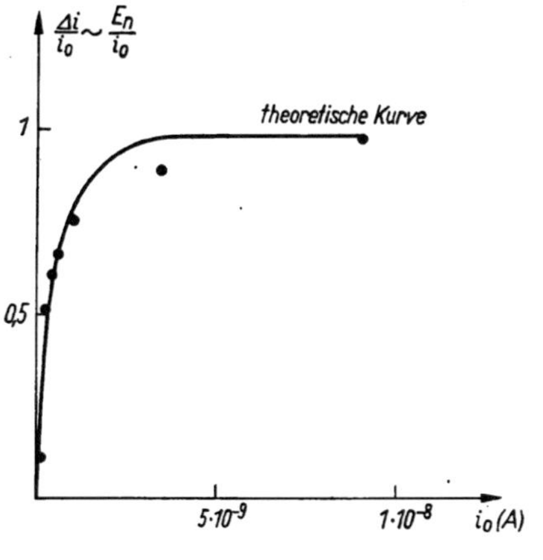

Abb. 4. Abhängigkeit der Empfindlichkeit eines Mobility-Detektors vom Grundionisationsstrom i_0
Bitte beachten: Statt E_n lies E_N

8.2. *Aufbau der Detektoren*

Wallis [19] beschrieb dieses Prinzip zuerst, wobei er vorschlug, die Betriebsspannung der Anordnung durch konstante Beimischung, c_P, zum Grundgas niedrig zu halten. *Bothe* und *Leonhardt* [20] bauten das Prinzip aus und schlugen vor, Edelgase ohne Feinreinigung als Grundgas zu verwenden [21]. Im Prinzip kann jeder Edelgasdetektor als indirekter EM-Detektor betrieben werden.

Es ist angebracht, darauf zu verweisen, daß das tragende Nachweisprinzip im hier beschriebenen Detektor nicht auf Änderungen der Elektronenbeweglichkeit beruht, sondern auf den durch (I) beschriebenen Löschprozessen metastabil angeregter Spezies. Nachweisgrenzen für einige Verbindungen sind in Tab. 3 zusammengestellt. Der Mobility-Detektor wird vor allem zur Routineanalyse von N_2, O_2, H_2, CH_4, CO, CO_2 und H_2O mit Argon oder Neon als Trägergasen eingesetzt [22, 23].

Tab. 3. Detektionsgrenzen eines indirekten Mobility-Detektors

Trägergas c_{min}	Argon ppm	Argon + 0,1% C_3H_8, ppm	Neon ppm
H_2	1,7	7,8	11,6
O_2	2,1	4,2	4,0
N_2	7,4	6,0	3,7
CO	1,8	4,9	5,0
CO_2	6,0	0,3	22,5
CH_4	0,4	2,3	24,5
H_2O			5,0

9. Schlußfolgerungen

Der gegenwärtige Stand und die Entwicklungsmöglichkeiten ionisationsgasanalytischer Detektoren werden nicht nur von ihren oben dargelegten Eigenschaften bestimmt, sondern in bedeutendem Maße von der Häufigkeit und Art zu lösender analytischer Aufgaben, von der Leistungsfähigkeit vorhandener und künftiger Konkurrenzmethoden sowie von kommerziellen, gerätetechnischen und ökonomischen Faktoren beeinflußt.

So sind z. Z. Elektronenanlagerungsdetektoren (ECD) die weitaus am häufigsten eingesetzten Strahlungsionisationsdetektoren in der Gaschromatographie und für viele Analysenprobleme (z.B. Rückstandsanalytik von Pestiziden) unentbehrlich. Durch die Umwandlung von Substanzen in Halogenderivate wird der Einsatzbereich dieses bewährten Detektors ständig vergrößert (Pharmazeutika, Steroide). Neben der bereits konventionellen DC- und Impulsmethode findet die coulometrische Betriebsart zunehmend Interesse. Für spezielle Probleme (z.B. selektive Analysatoren) erscheint eine Anwendung der Elektronenanlagerungsspektroskopie denkbar. Die extrem hohe Empfindlichkeit und die Spezifität des ECD sichern ihm auch in Zukunft in der gaschromatographischen Spurenanalyse seinen Platz. Sein Einsatz für kontinuierliche Messungen ist durch die Notwendigkeit der Verwendung eines elektropositiven Trägergases begrenzt.

Da Aerosolionisationsdetektoren sowohl mit elektropositiven als auch elektronegativen Trägergasen bei etwa äquivalenter Empfindlichkeit betrieben werden können und durch Art und Betriebsparameter des Aerosolgenerators die Spezifität für Substanzgruppen bzw. einzelne Substanzen erhöht werden kann, wurden sie bisher vor allem für kontinuierliche Messungen (z.B. Umweltschutz) verwendet. Trotz einer teilweise großen Konkurrenz auf diesem Gebiet bestehen durch die Möglichkeit des Baues multivalent nutzbarer Geräte günstige Chancen für ihre Zukunft. Der Bereich der Kontrolle chemischer Prozesse ist bisher nicht erschlosesn. Die Übertragung dieses Meßprinzips auf das Gebiet der Gaschromatographie kommt dem dort gegenwärtig erkennbaren Trend zur Entwicklung hochspezifischer Detektoren entgegen. Die günstigen Eigenschaften des AID hinsichtlich eines selektiven Nachweises von basisch (NH_3, Amine) und sauer reagierenden Verbindungen (z.B. SO_2, NO_2, HCl) sowie von ausgewählten Halogenkohlenwasserstoffen (z.B. C_2H_5Cl, C_3H_5Cl) sollten ihm in Zukunft einen Platz unter den spezifischen Detektoren sichern.

Ionisierungsquerschnittsdektoren sind weitgehend von der Wärmeleitzelle verdrängt worden. Sie werden gegenwärtig nur für spezielle Aufgaben verwendet, bei denen eine hohe Robustheit und die Berechenbarkeit des Signals erwünscht sind. Ihre Bedeutung für die gaschromatographische Analytik wird aber voraussichtlich nicht zunehmen. Die Bearbeitung spezieller Probleme in der Prozeßkontrolle bei kontinuierlichem Betrieb unter Nutzung von Mikroprozessoren erscheint denkbar.

Die Anwendung des in Teil I, Abschnitt 2, erwähnten *W*-Wert-Detektors ist gegenwärtig und voraussichtlich auch in Zukunft so gering, daß im Rahmen dieser Arbeit auf seine Behandlung völlig verzichtet werden konnte.

Der Argonionisationsdetektor, zu Beginn der 60er Jahre überall in der Gaschromatographie eingesetzt, findet heute kaum noch Verwendung, da sich der FID bei gleicher Empfindlichkeit durch einfachere Betriebsweise, geringere Störanfälligkeit und vor allem durch einen bedeutend größeren Linearbereich (um etwa 4 Größenordnungen) auszeichnet. Helium- bzw. Neondetektoren besitzen dagegen auch heute noch ihre Bedeutung vor allem zur Spurenanalyse anorganischer Gase. Sie werden voraussichtlich auch weiterhin aufgrund ihrer hohen Empfindlichkeit zur Lösung spezieller Aufgaben eingesetzt werden. Einer breiten Anwendung stehen jedoch der große Betriebsaufwand (Gasreinigung) und die hohe Störanfälligkeit entgegen. Auch Mobility-Detektoren werden voraussichtlich für spezielle Probleme weiterhin eingesetzt werden (nur technische Gase als Trägergas erforderlich), da mit ihrer Hilfe der Nachweis von Gasspuren (z.B. CO) im ppm-Bereich möglich ist. Ein kontinuierlicher Betrieb von Edelgasdetektoren erscheint nur in Ausnahmefällen (z.B. Kontrolle von Edelgas-Schutzgasatmosphären) möglich.

Weiterhin ist festzustellen, daß eine Weiterentwicklung ionisationsgasanalytischer Methoden durch Verwendung neuer Wirkprinzipien möglich ist. Hierzu ist es erforderlich, weitere Eigenschaften von Ionen (z.B. Beweglichkeit) für analytische Zwecke zu nutzen und von der einfachen Ionenstrommessung abzukommen.

Eingegangen am 20. 3. 1980

Literatur

[1] *J. E. Lovelock*, J. Chromatogr. **1** (1958) 35
[2] *H. Wulfheckel, S. Schaal*, Exp. Techn. Phys. **10** (1963) 3
[3] *A. A. Kruithoff, F. M. Penning*, Physica **3** (1936) 515
[4] *J. A. Hornbeck*, Phys. Rev. **80** (1950) 297
[5] *J. P. Molnar*, Phys. Rev. **84**, (1951) 612
[6] *R. Schade*, Z. Phys. **108** (1938) 353
[7] *E. E. Ferguson*, Phys. Rev. **2** (1962) 210
[8] *J. B. Hasted*, Physics of Atomic Collisions, Butterworth London 1964
[9] *R. Arrathoon*, Phys. Rev. **A6** (1972) 3
[10] *J. W. Leonhardt, P. Popp, H. Schmidt*, ZfI-Mitt. 14 (1978) 15
[11] *J. W. Leonhardt*, Dissertation B, AdW der DDR, Leipzig 1974
[12] *J. Z. Knapp, A. S. Meyer*, Anal. Chem. **36** (1964) 1430
[13] *R. D. Condon, P. R. Scholly, W. Averill*, Proc. 3rd Int. Symp. Gas Chromatography, Edinburgh, Butterworths, London (1960) 134
[14] *P. J. Bourke, R. W. Dawson, W. H. Denton*, J. Chromatogr. **14** (1964) 387
[15] *J. W. Leonhardt*, Dissertation A, Karl-Marx-Universität Leipzig 1966
[16] *J.-E. Lovelock*, Anal. Chem. **33** (1961) 152
[17] *H.-K. Bothe*, Acta Imeko, Budapest **4** (1961) 335
[18] *P. Popp, G. Oppermann*, Chem. Techn. **28** (1976) 95
[19] *V. Willis*, Nature (London) **184** (1959) 894
[20] *H.-K. Bothe, J. W. Leonhardt*, J. Chromatogr. **19** (1965) 1
[21] *J. W. Leonhardt, H.-K. Bothe*, Gas Chromatographie 1965 (Proc. Symp. Berlin 1965) Akademie-Verlag GmbH, Berlin, 331 – 352
[22] *P. Popp, G. Oppermann*, J. Chromatogr. **148** (1978) 265
[23] *P. Popp, H.-J. Große, G. Oppermann*, Chem. Techn. **31** (1979) 46

Originalarbeiten

Eine verbesserte Volumenextrapolationskammer und ein Satz neuer Flachionisationskammern als metrologische Basis des ASMW zur Sicherung richtiger Energiedosismessungen von Betastrahlung in der Praxis

K. Helmstädter, H. Rothe, H. Korn

(Amt für Standardisierung, Meßwesen und Warenprüfung der DDR, ASMW)[1])

Die Normalmeßeinrichtung des ASMW für die Darstellung der Einheit der Energiedosis Gray für Betastrahlung wurde durch die Schaffung einer neuen Volumenextrapolationsionisationskammer mit verbesserten physikalisch-technischen und metrologischen Parametern weiterentwickelt. Über den Aufbau und die Erprobung dieser Kammer wird berichtet. Die Bestimmung der Energiedosis bzw. Energiedosisleistung ist in den Bereichen 10^{-3} bis 10^{3} Gy bzw. 10^{-6} bis 1 Gy/s mit einer Meßunsicherheit von 1,8% möglich.
Ein Satz von drei Flachionisationskammern mit der β-Energie stufenweise anpaßbaren Elektrodenabständen für die Weitergabe der Einheit der Energiedosis auf Referenznormale und dosimetrische Arbeitsmeßmittel im Energiebereich der Betastrahlung von 0,165 bis 3,5 MeV wird beschrieben.

Keywords

beta dosimetry; calibration; dosemeters; dosimetry; extrapolation chambers; ionization chambers; radiation doses

1. Einleitung

Die Darstellung der Einheit der Energiedosis Gray (Gy) und der Energiedosisleistung Gray je Sekunde (Gy/s) für Betastrahlung erfolgt im ASMW mit einer Normalmeßeinrichtung, bestehend aus einer Volumenextrapolationsionisationskammer, einer Ladungsmeßeinrichtung und einer Bestrahlungseinrichtung. Diese Normalmeßeinrichtung ist seit 1973 Bestandteil des RGW-Normals für diese Einheit. Durch den Neuaufbau einer Volumenextrapolationsionisationskammer mit verbesserten physikalisch-technischen und metrologischen Parametern sollte eine Vervollkommnung der Normalmeßeinrichtung und Erweiterung ihres Meß- und Anwendungsbereiches sowie eine Verringerung der Meßunsicherheit erzielt werden. Bei der Konzipierung der neuen Extrapolationskammer wurde auf den Erfahrungen beim Arbeiten mit der bisherigen Kammer [1] und auf den Ergebnissen von Institutionen anderer Länder [2—4] aufgebaut. Die verbesserte Normalmeßeinrichtung wurde 1978 als Staatliches Etalon der DDR bestätigt [5, 6].

Für die Weitergabe der Energiedosiseinheit wurde im ASMW bisher ein Satz von 4 Flachionisationskammern mit festem Volumen als Sekundärnormale eingesetzt [7]. Dieser ist durch die Entwicklung von drei Flachionisationskammern mit stufenweise variablem Elektrodenabstand erweitert worden, um insbesondere den niederenergetischen Bereich der Betastrahlung besser zu erfassen.

Über den Aufbau und die Einmessung sowohl der neuen Volumenextrapolationsionisationskammer als auch der drei Flachionisationskammern im Energiebereich der Betastrahlung von 0,165 bis 3,5 MeV, repräsentiert durch Betastrahlungsquellen der Nuklide ^{147}Pm, ^{85}Kr, ^{204}Tl, ^{90}Sr/^{90}Y und ^{106}Ru/^{106}Rh, wird nachfolgend berichtet.

2. Aufbau und Wirkungsweise der Volumenextrapolationskammer

Aus den Erfahrungen mit der bisherigen Volumenextrapolationsionisationskammer wurden einige wesentliche Forderungen abgeleitet, die beim Neuaufbau zu berücksichtigen waren:

- Realisierung der Einstellung der Elektrodenabstände und ihrer Bestimmung mit einer Meßunsicherheit von ±5 μm;
- Gestaltung des Kammereintrittsfensters dergestalt, daß es von keinem blendenartigen Rahmen umgeben ist, der als zusätzlicher Streukörper wirken könnte;
- Einhaltung guter Parallelität zwischen der Meßelektrodenebene und der Ebene der spannungsführenden Elektrode (Eintrittsfensterfolie);
- Erweiterung des Meßbereichs der Kammer durch die Möglichkeit einer weiteren Volumenvergrößerung (Hinzunahme eines Meßelektrodendurchmessers von 100 mm);
- Schaffung von Möglichkeiten für die Zu- und Ableitung spezieller Gase, die als Hohlraumgase mit dem Wandmaterial ein homogenes System bilden können;
- Verbesserung der Graphitierung der Elektrodenflächen und der Eintrittsfensterfolien durch Verwendung eines Graphitsprays;
- Beibehaltung des horizontalen Aufbaus der Extrapolationskammer.

2.1. *Aufbau der Extrapolationskammer*

Abb. 1 zeigt den Querschnitt der neuen Extrapolationskammer. Die Kammerachse verläuft horizontal in Richtung des Zentralstrahles der Betastrahlungsquelle. Die Einstrahlung erfolgt von rechts durch das Eintrittsfenster, das in Abb. 2 in eingebauten Zustand und in Abb. 3 neben der Kammer liegend abgebildet ist.

Das Kammerfenster wird in die feststehende Vorderwand der Kammer eingesetzt. Es besteht aus einem

[1]) Anschrift: DDR-1026 Berlin, Wallstr. 16

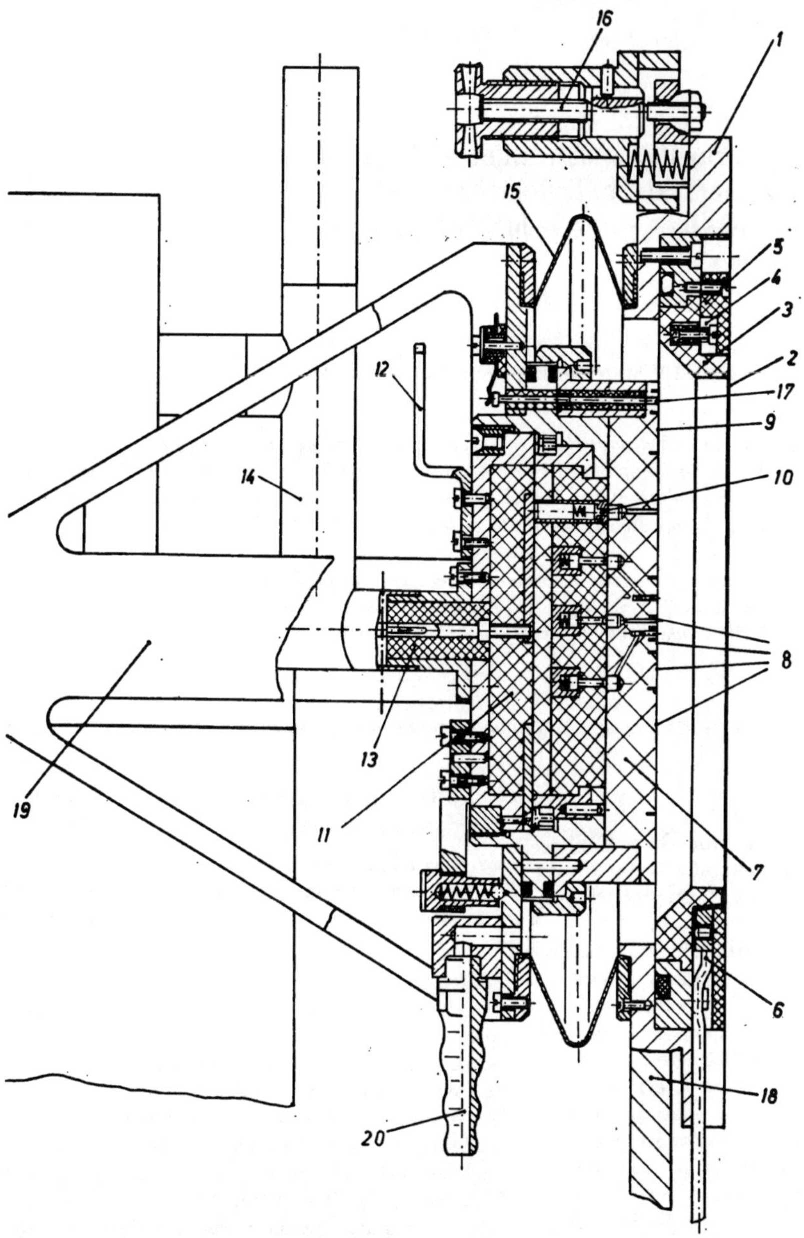

Abb. 1. Querschnitt der Volumenextrapolationsionisationskammer
1 – Eintrittsfenster; 2 – gespannte Fensterfolie; 3 – Piacrylring, 4 – Spannring aus Messing; 5 – Abdeckring aus PVC; 6 – Kammerspannungszuführung; 7 – Meßelektrodenblock aus Piacryl; 8 – Meßelektroden (Mittelelektrode und konzentrische Ringelektroden); 9 – Schutzring; 10 – Kontaktstifte aus Messing; 11 – Scheibe aus Epoxydharz mit zwei eingelegten Messingsegmenten für Meßleitung und Schutzerde; 12 – Hebel zum Umschalten der Meßelektrodenkombinationen; 13 – Meßleitungsbuchse; 14 – Adapter für den Anschluß des Strommeßgerätes und der Meßkondensatoren; 15 – Faltenbalg; 16 – Justierschraube für die Ausrichtung des Eintrittsfensters (Drei-Punkte-Kontaktsystem); 17 – Kontaktstelle für das Drei-Punkte-Kontaktsystem; 18 – Kammerwand; 19 – Stahlrahmen mit Verschiebeeinrichtung; 20 – Olive für Schlauchanschluß

Piacrylring mit einem freien Innendurchmesser von 140 mm, der mit einer Polystyrolfolie der Flächenmasse von annähernd 7 mg/cm² überspannt ist. Als Spannring dient ein Messingring. Auf der dem Kammerinnern zugewandten Seite ist die Folie graphitiert, da sie gleichzeitig spannungsführende Gegenelektrode ist.

Gegenüber dem Kammerfenster befindet sich der Meßelektrodenblock und das Meßleitungssystem. Der Meßelektrodenblock wird von einer 15 mm dicken Piacrylscheibe gebildet, die einen Durchmesser von 140 mm hat und von einem Aluminiumring umfaßt wird. Die dem Eintrittsfenster zugewandte Oberfläche der Scheibe ist ebenfalls graphitiert und durch kreisförmige Ringkerben in eine innere Kreisfläche von 3 mm Durchmesser und diese umgebende konzentrische Ringe eingeteilt. Mit dieser sogenannten Mehrfachelektrode besteht die Möglichkeit, die Meßelektrodengrößen zu variieren. Die wählbaren Durchmesser sind 3, 10, 30 und 100 mm. Ein zusätzlicher äußerer Ring von 20 mm Breite dient als geerdeter Schutzring.

Von der Mittelelektrode und den einzelnen Ringen führen mit Graphit gefüllte Bohrungen zur Rückseite der Piacrylscheibe, von wo aus kurze Messingstifte mit versilberten Kontaktflächen die Verbindung zum Meßleitungssystem herstellen. Kernstück dieses Systems ist eine spezielle Umschaltvorrichtung, die von außen mittels eines Hebels bedient wird und auf einfache Weise das Arbeiten mit ver-

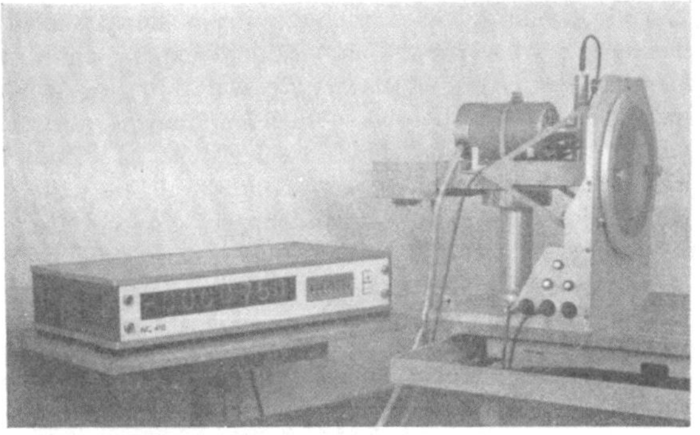

Abb. 2. Gesamtansicht der Volumenextrapolationsionisationskammer mit Positionsanzeigegerät

Abb. 3. Volumenextrapolationsionisationskammer mit herausgenommenem Eintrittsfenster (danebenliegend) und sichtbarem Meßelektrodenblock mit Mehrfachelektrode

schiedenen Elektrodendurchmessern ermöglicht. An der Rückseite der Kammer endet die Meßleitung an einer axial angebrachten Buchse mit Teflonisolator, an die ein Adapter für die Ladungsmeßeinrichtung angeschlossen werden kann.

Der Elektrodenblock und das Meßleitungssystem sind an einem speziellen Stahlrahmen befestigt, der auf einer Präzisionsverschiebeeinrichtung montiert ist. Die Verschiebeeinrichtung stammt von dem Kreuztisch eines digitalen Werkzeugmikroskops (Hersteller: VEB Carl Zeiß Jena). Die Verbindung zwischen dem Stahlrahmen und der Vorderwand der Kammer wurde durch einen Faltenbalg hergestellt, um sowohl die Beweglichkeit der Elektroden gegeneinander zu gewährleisten als auch das System seitlich nach außen abzuschließen.

Die Einstellung und Änderung der Elektrodenabstände erfolgt mit einer Meßspindel, die mit einem inkrementalen photoelektrischen Winkelschrittgeber gekoppelt ist. Die an diesem Geber erzeugten Meßsignale werden über ein Kabel einem Positionsanzeigegerät NC 310 zugeführt und dort digital angezeigt.

Das gesamte Kammersystem — Vorderwand mit Eintrittsfenster einerseits und Säule als Träger der Verschiebeeinrichtung mit Meßelektroden- und Meßleitungssystem andererseits — ist auf einer gemeinsamen Grundplatte montiert und bildet somit eine geschlossene Einheit. Die Extrapolationskammer kann als Ganzes bewegt und umgesetzt werden.

Eine sehr wichtige Voraussetzung für präzise Messungen mit der Extrapolationskammer besteht darin, daß die Flächen der Meßelektrode und der spannungführenden Gegenelektrode mit hoher Genauigkeit parallel zueinander liegen. Zur exakten Ausrichtung des Eintrittsfensters dient deshalb ein spezielles Drei-Punkte-Kontaktsystem. In Randnähe des Elektrodenblocks sind im Bereich des Schutzringes drei um jeweils 120° versetzte Kontaktstellen isoliert angeordnet, die jeweils mit einer kleinen Glühlampe verbunden sind. Wird an die Fensterfolie eine Gleichspannung von 20 V angelegt, so leuchten bei Berührung der Kontaktstellen mit der Folie die Glühlampen auf.

Mittels dreier Justierschrauben kann das Eintrittsfenster so ausgerichtet werden, daß die drei Punkte in einem Schwankungsbereich von 2 bis 3 μm aufleuchten. Diese so gewonnene Einstellung wird dem Elektrodenabstand Null zugeordnet und durch Nullung der Positionsanzeige festgehalten, so daß die nun einzustellenden Elektrodenabstände direkt ablesbar sind.

2.2. *Messung des Ionisationsstromes der Extrapolationskammer*

Das elektrische System zur Messung des Ionisationsstromes besteht aus einem volltransistorisierten Kompensationsmeßgerät für kleine Ströme, dem DIGITAL CURRENT INTEGRATOR NP-1000 (Hersteller: OMH Budapest), das durch ein im ASMW aufgebautes Zusatzgerät ergänzt wurde, so daß der Anschluß eines Meßwertdruckers aus der DDR-Produktion (VA-G-24 bzw. 3534a) und die automatische Wiederholung von Messungen bei verschiedenen Meßzeiten möglich sind. Die Einstellung der Elektrodenabstände erfolgt durch Fernbedienung mit einem Elektromotor.

Zur Festlegung der Arbeitsspannung der Extrapolationskammer wurden umfangreiche Messungen der Strom-Spannungs-Charakteristiken für die Betastrahlung verschiedener Nuklide bei verschiedenen Elektrodendurchmessern und unterschiedlichen Elektrodenabständen durchgeführt. Der Anstieg der Sättigungskurven im Plateau oberhalb 200 V beträgt danach maximal 0,1%/100 V.

Die Arbeitsspannung wurde deshalb für den verwendeten Energiebereich der Betastrahlung einheitlich auf 300 V festgelegt.

2.3. *Durchführung von Energiedosismessungen mit der Volumenextrapolationsionisationskammer*

Die Bestimmung der Energiedosisleistung in einem gewebeäquivalenten Stoff mittels der Volumenextrapolationskammer wird auf die Messung der Ionisationsladung in einem mit Luft oder mit einem gewebeäquivalenten Gas gefüllten Hohlraum und auf die Ausmessung des Meßvolumens zurückgeführt. Die Abmessungen des Hohlraums müssen dabei so gewählt werden, daß die Bedingungen des *Bragg-Gray*-Prinzips erfüllt sind. Die Berechnung der Energiedosisleistung im gewebeäquivalenten Stoff in Gray je Sekunde erfolgt nach der Beziehung:

$$D_{\text{fest}} = S_{\text{gas}}^{\text{fest}} \cdot \frac{W_{\text{gas}}}{e \cdot F \cdot \varrho_{\text{gas}}} \cdot \frac{i}{d} \qquad (1)$$

worin i/d den Anstieg des linearen Teils der Extrapolationskurve (Ionisationsstrom i in Abhängigkeit vom Elektrodenabstand d) in Ampere je Zentimeter

$S_{\text{gas}}^{\text{fest}}$ das relative Massenbremsvermögen des festen Stoffes bezogen auf Luft oder das gewebeäquivalente Gas

W_{gas} die im Mittel zur Bildung eines Ionenpaares im Hohlraumgas benötigte Energie in Joule

e die Elementarladung in Amperesekunden

ϱ_{gas} die Dichte des Hohlraumgases in Gramm je Kubikzentimeter

F die effektive Fläche der Meßelektrode in Quadratzentimetern

bedeuten.

Das Meßvolumen der Extrapolationskammer hat zylindrische Form und berechnet sich als Produkt aus dem Elektrodenabstand und der effektiven Fläche der Meßelektrode, wobei als effektiver Durchmesser die Summe aus dem Durchmesser der graphitierten Fläche und zweimal der halben Ringnutbreite einzusetzen ist. In Tab. 1 sind die bei der Mehrfachelektrode möglichen effektiven Meßelektrodendurchmesser, Ringnutbreiten und Meßelektrodenflächen zusammengestellt. Die Unsicherheit dieser Werte beträgt $\pm 0{,}1\%$. Für die Aufnahme der Extrapolationskurve (Ionisationsstrom in Abhängigkeit vom Elektrodenabstand) wird hier im allgemeinen der Elektrodenabstandsbereich von 0,5 bis 1,5 mm genutzt. Der Anstieg des linearen Teils der Extrapolationskurve, d. h. das Verhältnis Ionisationsstrom i zu Elektrodenabstand d, stellt gleichzeitig die Tangente der Kurve im Punkt $d = 0$ dar. Dieser Wert geht in die Formel (1) zur Berechnung der Energiedosisleistung ein. Als Hohlraumgas wurde bisher Luft verwendet. Das Verhältnis des Massenbremsvermögens des festen Stoffes zu dem von Luft $S^{\text{fest}}_{\text{Luft}}$ wurde für den Energiebereich der Betastrahlung von 0,2 bis 3,5 MeV aus entsprechenden Werten der jeweiligen Massenbremsvermögen des Piacryl und der Luft berechnet, die im ICRU-Report 21 vom Mai 1972 [8] angegeben sind.

Tab. 1. Zusammenstellung der genauen Werte für die effektiven Elektrodendurchmesser, die Ringnutbreiten und die Meßelektrodenflächen der einzelnen Elektrodenkombinationen der Mehrfachelektrode

Meßelektrode	effektiver Elektroden-durchmesser mm	Ringnut-breite mm	Elektroden-fläche mm²
1	3,504	0,450	9,645
2	10,524	0,448	86,98
3	30,485	0,446	729,88
4	100,37	0,442	7911,92

Die Werte für $S^{\text{fest}}_{\text{Luft}}$ sind für die verschiedenen Energiebereiche, repräsentiert durch Betastrahlung der Nuklide ^{147}Pm, ^{204}Tl und ^{90}Sr/^{90}Y, unter Zugrundelegung der Spektren der verwendeten Strahlungsquellen dieser Nuklide als gewichtete Mittelwerte bestimmt worden. Die Wichtung erfolgte über die pro Energieintervall vorliegende Impulsrate bezogen auf die maximale Impulsrate des Spektrums. Es ergaben sich mit einer Unsicherheit von $\pm 1\%$ die folgenden Werte:

^{90}Sr/^{90}Y $S^{\text{fest}}_{\text{Luft}} = 1{,}114$

^{204}Tl $S^{\text{fest}}_{\text{Luft}} = 1{,}119$

^{147}Pm $S^{\text{fest}}_{\text{Luft}} = 1{,}122$

Die mittlere Energie zur Bildung eines Ionenpaares in Luft W_{Luft} hat nach einer Empfehlung der ICRU von 1979 [9] den Wert von $(33{,}85 \pm 0{,}15)$ eV. Als Korrektionsfaktoren gehen bei der Bestimmung der Energiedosis ein:

- der Korrektionsfaktor für die Luftdichte und
- der Korrektionsfaktor für die Abhängigkeit der Absorption der Betastrahlung in der Luft auf dem Wege zwischen der Quellenoberfläche und dem Eintrittsfenster der Extrapolationskammer von der Luftdichte.

Letzterer ist abhängig von der Energie der Betastrahlung und den geometrischen Bestrahlungsbedingungen. Dieser Korrektionsfaktor muß deshalb für jeden speziellen Fall neu bestimmt werden. Das geschieht experimentell durch Messung der Energiedosis der Betastrahlung in Abhängigkeit von der Flächenmasse der Luftschicht und Extrapolation auf den Wert der Luftschicht bei 20 °C und 101,3 kPa. Für Betastrahlung des Nuklids ^{147}Pm wird dieser Korrektionsfaktor bei Abständen $\geqq$ 5 cm und für Betastrahlung des Nuklids ^{90}Sr/^{90}Y bei Abständen $\geqq$20 cm bedeutsam.

2.4. *Die Meßunsicherheit der Volumenextrapolationsionisationskammer*

Die Meßunsicherheit der Extrapolationskammer setzt sich aus den Anteilen des systematischen Fehlers (a) und den Anteilen des zufälligen Fehlers (b), angegeben als mittlere quadratische Abweichung vom Mittelwert, zusammen:

a)	Fehler des Wertes der mittleren Energie zur Bildung eines Ionenpaares	1,0%
	Fehler des Wertes für das relative Massenbremsvermögen	1,0%
	Fehler des Wertes für die effektive Fläche der Meßelektrode	0,1%
	Fehler der Strommessung	0,5%
b)	Fehler bei der Bestimmung des Anstiegs der Extrapolationskurve	±0,5%
	Fehler des Korrketionsfaktors für die Luftdichte	±0,1%
	Fehler bei der Einstellung des Abstandes zwischen Quelle und Kammer	±0,2%

Die Gesamtmeßunsicherheit bestimmt sich bei Zusammenfassung der Fehleranteile nach der Richtlinie des ASMW [10] zu 1,8% mit einer statistischen Sicherheit von 0,95.

3. Vergleichsmessungen der Volumenextrapolationsionisationskammer mit der bisherigen Kammer des ASMW und mit der Normalmeßeinrichtung des WNIIM (UdSSR)

3.1. *Vergleich der neuen mit der alten Kammer*

Zur Verdeutlichung der Veränderungen der neuen gegenüber der alten Volumenextrapolationsionisationskammer sind in Tab. 2 die wesentlichen Parameter der beiden Kammern gegenübergestellt.

Durch die Wahl einer zusätzlichen Meßelektrode mit einem Durchmesser von 100 mm ist der Meßbereich zu kleinen Energiedosisleistungswerten hin erweitert worden.

Die Methode der Einstellung und Bestimmung der Elektrodenabstände mittels der Meßspindel und der digitalen Positionsanzeige ist gegenüber der mittels des Feingewindes bei der alten Kammer wesentlich genauer. Die Unsicherheiten betragen ± 5 µm gegenüber ± 10 µm. Die Verwendung des „Digital Current Integrator" NP 1000 anstelle des Schwingkondensatorelektrometers VA-J-51.1 bewirkt die Reduzierung des Fehlers der Strommessung von 2% auf 0,5%.

Die Auswertung der Extrapolationskurven erfolgt bei der neuen Kammer mittels eines Rechnerprogramms auf dem Tischrechner EMG 666, so daß die subjektiven Fehler bei der graphischen Auswertung ausgeschaltet werden.

Bei der dosimetrischen Ausmessung einer Betastrahlungsquelle des Nuklids ^{90}Sr/^{90}Y vom Typ AGB in verschiedenen Abständen von der Quellenoberfläche wurden Ergebnisse erhalten, die mit denen der alten Extrapolationskammer innerhalb $\pm 3\%$ und mit denen im Rahmen eines früheren Vergleichs mit der Normalmeßeinrichtung des WNIIM erhaltenen innerhalb $\pm 5\%$ übereinstimmen. In Tab. 3 sind die

Tab. 2. Gegenüberstellung der wesentlichen Parameter der alten und der neuen Volumenextrapolationsionisationskammer

Parameter	Werte für alte und	neue
	Extrapolationskammer	
Meßelektrodenblock:		
Elektrodendurchmesser (Nennwerte in mm)	3; 10; 30	3; 10; 30; 100
Ringnut (Breite/Tiefe in mm)	0,7/3	0,4/1,0
Schutzringbreite in mm	$\geqq 20$	$\geqq 20$
Übergangswiderstand der Graphitfläche in kΩ/cm	10	1
Eintrittsfenster:		
freier Innendurchmesser in mm	45	140
Flächenmasse der Folie in mg/cm²	7	7
Kammerspannung in V	300	300
Übergangswiderstand der Graphitschicht in kΩ/cm²	10	1
Verlauf der Kammerachse	horizontal	horizontal
Abstand der Kammerachse vom Meßtisch in mm	250	250
Meßbereiche:		
Energiedosis in Gy	$2 \cdot 10^{-3}$ bis 10^3	10^{-3} bis 10^3
Energiedosisleistung in Gy/s	10^{-5} bis $3 \cdot 10^{-2}$	10^{-6} bis 1
Meßunsicherheit in % (bei einer statistischen Sicherheit von 95%)	2,9	1,8

Verhältnisse der mit der neuen Extrapolationskammer gemessenen Energiedosisleistungswerte zu den mit der alten Extrapolationskammer gemessenen bzw. zu den im WNIIM ermittelten Resultaten zusammengestellt.

3.2. *Vergleich mit der Normalmeßeinrichtung des WNIIM*

Im Rahmen der wissenschaftlich-technischen Zusammenarbeit auf dem Gebiet der Metrologie zwischen der UdSSR und der DDR fanden Vergleiche der Normalmeßeinrichtungen des WNIIM und des ASMW für die Darstellung der Einheit der Energiedosis von Betastrahlung statt: 1969 unter Verwendung von Betastrahlung des Nuklids ^{90}Sr/^{90}Y; 1977 unter Verwendung von Betastrahlung des Nuklids ^{147}Pm.

Für den ^{90}Sr/^{90}Y Vergleich wurden seitens des ASMW die Messungen mit der alten Extrapolationskammer durchgeführt. Die Ergebnisse dieses Vergleichs konnten unter Berücksichtigung der Halbwertszeit von 28,1 a [11] für ^{90}Sr/^{90}Y zum Vergleich mit den Ergebnissen der neuen Extrapolationskammer herangezogen werden (siehe Tab. 3). Der ^{147}Pm-Vergleich erfolgte auf direktem Wege und ergab Übereinstimmung der Energiedosisleistungswerte von im Mittel $\pm 3\%$. Für niederenergetische Betastrahlung gestaltet sich die Schaffung einheitlicher Vergleichsbedingungen wesentlich komplizierter als für energiereichere (z. B ^{90}Sr/^{90}Y), was sich in folgenden zusätzlichen Maßnahmen. ausdrückt:

- Berücksichtigung der jeweils bei der Messung vorliegenden Flächenmasse der Luftschicht in mg/cm² (statt des geometrischen Abstandes)
- Korrektion auf gleiche Foliendicke des Kammereintrittsfensters
- Korrektion auf gleichen Durchmesser der Meßelektrode

Über die Ergebnisse dieses Vergleichs wird detaillierter in einer gesonderten Arbeit [12] berichtet.

4. Aufbau und Einmessung der neuen Flachionisationskammern als Sekundärnormale

Bisher ist im ASMW für die Betadosimetrie bereits ein Satz von vier Flachionisationskammern (Sekundärnormale) mit festem Volumen [7] im Einsatz, der an die Volumenextrapolationsionisationskammer angeschlossen ist. Durch die Kammertiefe von 10 mm sind diese Kammern jedoch nur für höherenergetische Betastrahlung geeignet. Durch den Neuaufbau eines Satzes von drei Flachionisationskammern mit stufenweise veränderlicher Kammertiefe (Änderung des Elektrodenabstands) ist die Einsatzmöglichkeit dieser Kammern auch auf den niederenergetischen Bereich der Betastrahlung ausgedehnt worden.

4.1. *Aufbau der Flachionisationskammern*

Bei der Konstruktion der neuen Flachkammern wurde im wesentlichen vom Aufbau der vorhandenen Kammern ausgegangen. Die stufenweise Variabilität der Kammertiefe wird durch das Anbringen von Zwischenringen verschiedener Dicke ermöglicht. In Abb. 4 ist der Querschnitt einer Flachkammer dargestellt. Der Eintrittsfensterkörper (2) besteht aus einem Piacrylring, über den die innen graphitierte Fensterfolie gespannt und mit einem Messingring (3) befestigt wird. Das Eintrittsfenster wird nach vorn mit einem PVC-Ring (1) als Sichtblende abgedeckt. Der Elektrodenkörper (5) aus Piacryl ist auf der dem Kammervolumen zugewandten Seite graphitiert. Mittels einer isolierenden Ringkerbe wird diese Fläche in Meßelektrode (7) und Schutzring (8) unterteilt. Die Meßleitung (6) wird zentrisch zur Meßbuchse abgeführt. Außerdem ist in den Elektrodenkörper die Buchse für die Zuführung der Kammerspannung (9) eingelassen.

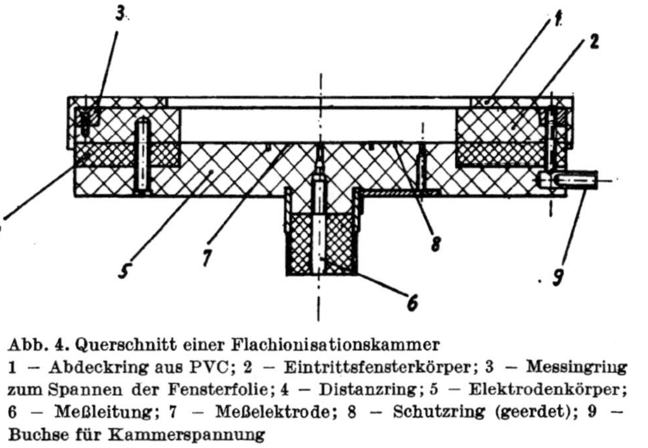

Abb. 4. Querschnitt einer Flachionisationskammer
1 — Abdeckring aus PVC; 2 — Eintrittsfensterkörper; 3 — Messingring zum Spannen der Fensterfolie; 4 — Distanzring; 5 — Elektrodenkörper; 6 — Meßleitung; 7 — Meßelektrode; 8 — Schutzring (geerdet); 9 — Buchse für Kammerspannung

Die Distanzringe (4), ebenfalls aus Piacryl bestehend, haben Breiten von ca. 2, 5 und 7 mm und ermöglichen — unter Berücksichtigung eines Elektrodenabstands ohne Distanzring von 3 mm — die stufenweise Einstellung weite-

Abb. 5. Ansicht einer Flachionisationskammer

Abb. 6. Ansicht einer geöffneten Flachionisationskammer mit Eintrittsfensterblock und Distanzringen

rer Elektrodenabstände von ca. 5, 8 und 10 mm. Die Nennwerte der Meßelektrodendurchmesser der einzelnen Kammern betragen 10; 30 bzw. 100 mm, die Schutzringbreite ist jeweils ≧ 20 mm, die Ringkerben sind 0,4 mm breit und 1 mm tief.

Abb. 5 zeigt eine geschlossene, Abb. 6 eine geöffnete Flachkammer.

4.2. *Einmessung der Flachionisationskammer*

In Tab. 4 sind die genauen Abmessungen der Meßelektroden, die Kammertiefen sowie die sich daraus ergebenden Meßvolumina zusammengestellt.

Tab. 3. Verhältnisse der mit der neuen Extrapolationskammer gemessenen Energiedosisleistungswerte D_n zu den mit der alten Extrapolationskammer gemessenen D_a und zu den mit der Normalmeßeinrichtung des WNIIM (UdSSR) gemessenen Werten für Betastrahlung des Nuklids $^{90}Sr/^{90}Y$

Abstand zwischen Kammer und Quelle mm	Verhältnisse der Energiedosisleistungswerte $\frac{D_n\,(\text{ASMW})}{D\,(\text{WNIIM})}$	$\frac{D_n}{D_a}$
0	1,03	1,02
10	1,03	0,98
20	1,05	1,02
30	0,95	1,03
50	0,99	1,02
90	1,03	1,02

Das Sättigungsverhalten des Ionisationsstromes der Flachkammern ist ab 20 V Kammerspannung sehr gut, so daß bereits Arbeitsspannungen von kleiner 100 V für den Betrieb ausreichen.

Die Bestimmung der Kammerfaktoren der neuen Flachionisationskammern erfolgte durch den Anschluß an die Extrapolationskammer nach der Substitutionsmethode. Die in einem bestimmten Abstand von der Quelle mit der Extrapolationskammer gemessene Energiedosisleistung wurde zu dem in der Flachkammer erzeugten Ionisationsstrom ins Verhältnis gestzt:

$$F_K = \frac{D}{i} \tag{2}$$

mit F_K – Kammerfaktor der Flachkammer in Gy/s · pA
D – Energiedosisleistung in Gy/s, mit der Extrapolationskammer gemessen
i – Ionisationsstrom in der Flachkammer in pA.

Tab. 4. Geometrische Abmessungen der Meßelektroden, Kammertiefen und die sich daraus ergebenden Größen der Meßvolumina der drei Flachionisationskammern (FK I, FK II, FK III)

Kammerparameter	FK I	FK II	FK III
Durchmesser der Meßelektrode in mm	10,079	30,14	100,31
Fläche der Meßelektrode in mm²	79,78	713,5	7902,8
Kammertiefe T in mm	2,99	3,07	2,97
Meßvolumen V in mm³	238,56	2190,4	23471
T in mm	4,81	5,16	5,00
V in mm³	383,77	3681,5	39514
T in mm	8,41	8,41	8,11
V in mm³	670,00	6000,3	64091
T in mm	9,95	10,14	9,73
V in mm³	793,87	7234,6	76894

Tab. 5. Kammerfaktoren der Flachionisationskammern für verschiedene Kammertiefen und Betastrahlung verschiedener Nuklide

Nuklid	Kammertiefe in mm / Kammerfaktoren der Flachkammern in μGy/s · A							
	FK I				FK II			
	3	5	8	10	3	5	8	10
^{147}Pm	127,4	86,4			14,4	9,37		
^{85}Kr	124,7	83,6			14,6	9,43		
$^{90}Sr/^{90}Y$		87,2	56,0	48,5		9,19	5,79	4,98
$^{106}Ru/^{106}Rh$		84,9	53,2	47,2		9,57	6,12	5,17

Nuklid	FK III			
	3	5	8	10
^{147}Pm	1,25	0,761		
^{85}Kr	1,30	0,819		
$^{90}Sr/^{90}Y$		0,835	0,524	0,439
$^{106}Ru/^{106}Rh$		0,845	0,514	0,435

In Tab. 5 sind die Kammerfaktoren für verschiedene Kammertiefen bei Verwendung von Betastrahlung verschiedener Nuklide angegeben. Die Meßunsicherheit dieser Faktoren ergibt sich im wesentlichen aus der Meßunsicherheit bei der Bestimmung der Energiedosisleistung, der Meßunsicherheit bei der Messung des Ionisationsstromes in der Flachkammer sowie dem Einfluß von Geometrieunterschieden bei der Anschlußmessung. Damit beträgt für die angegebenen Kammerfaktoren die Meßunsicherheit 4,3% bei einer statistischen Sicherheit von 0,95.

Die Flachkammern sind für die einzelnen Betastrahlungsarten bis zu folgenden Maximalwerten der Kammertiefen einsetzbar:

^{147}Pm	5 mm
^{85}Kr	8 mm
^{90}Sr^{90}Y	10 mm
^{106}Ru/^{106}Rh	10 mm

5. Schlußbemerkungen

Mit der neuen Volumenextrapolationsionisationskammer und dem Satz neuer Flachionisationskammern mit stufenweise variablem Elektrodenabstand ist die Normalmeßeinrichtung des ASMW zur Darstellung und Weitergabe der Einheit der Energiedosis von Betastrahlung so vervollkommnet worden, daß sie den praktischen Anforderungen der Betadosimetrie in der Strahlentherapie und im Strahlenschutz voll gerecht wird. In einem breiten Energiebereich von 0,165 bis 3,5 MeV werden sowohl Energiedosismessungen an der Oberfläche und in verschiedenen Abständen (bis zu 2,50 m) von ebenen Betastrahlungsquellen als auch Anschlußmessungen von Betadosimetern verschiedener Typen nach der Substitutionsmethode durchgeführt.

Außerdem sind bereits erfolgreich Probleme bearbeitet worden, wie die Kalibrierung von kalottenförmigen Augenapplikatoren für die Strahlentherapie, die Kalibrierung verschiedener spezieller Strahlungsquellen für die industrielle Anwendung sowie die Durchführung von Tiefendosismessungen von Betastrahlung in gewebeäquivalenten Stoffen.

Diese Arbeiten gewinnen nicht zuletzt auch deshalb an Bedeutung, weil nach Angaben der Standardisierungsempfehlung „Umschlossene radioaktive Strahlungsquellen — Meßmethodik der Energiedosisleistung von Betastrahlung", die im Rahmen der SKA des RGW erarbeitet wird, der Wert der Energiedosisleistung in einem vorgegebenen Abstand von der Quellenoberfläche als charakteristischer Parameter für umschlossene Betastrahlungsquellen dienen soll.

Abschließend sei an dieser Stelle Herrn Ing. *A. Schulz* für die schöpferische Mitarbeit bei der Entwicklung der Volumenextrapolationsionisationskammer sowie Frau PTA *G. Hermenau* für die umfangreichen Messungen bei der Erprobung dieser Kammer gedankt.

Eingegangen am 10. 4. 1980

Literatur

[1] *F. Gühne, K. Helmstädter*, Isotopenpraxis 8 (1972) 47
[2] *K. K. Aglinzew, M. P. Kotschina, I. A. Urjajew*, Novyenaucnoissledovatelskye raboty po metrologii Nr. 2 (1964), Verlag für Standards Moskau – Leningrad
[3] *Boucina, J. Trousil*, Radiosiotopy **11** (1970) 1129
[4] *J. Jablonska, M. Kuchta*, Report „P" Nr. 1389/OPIDI/D Warschau 1972
[5] Staatliche Etalons; Staatliches Etalon der Einheit der Energiedosis von Betastrahlung siehe TGL 31542/05
[6] Staatliche Etalons; Prüfschema für die Meßmittel der Energiedosis von Betastrahlung siehe TGL 31543/05
[7] *F. Gühne, K. Helmstädter*, Isotopenpraxis 8 (1972) 88
[8] ICRU-Report 21 "Radiation Dosimetry. Electrons with Initial Energies between 1 and 50 MeV", Mai 1972
[9] ICRU-Report 31 "Average Energy Required to Produce an Ion Pair", Mai 1979
[10] „Richtlinie zur Berechnung der Meßunsicherheit" des ASMW vom 13. 12. 1978
[11] *E. Schönfeld*, Isotopenpraxis **14** (1978) 329
[12] *K. Helmstädter, H. Korn, H. Rothe, I. A. Urjajew, W. I. Fominych* Isotopenpraxis **17** (1981) in Vorbereitung

Diffusion von Kupfer in Silicium während der Neutronenaktivierung

S. Niese

(Akademie der Wissenschaften der DDR, Zentralinstitut für Kernforschung Rossendorf)[1])

Die Diffusion von Kupfer aus der Oberfläche in das Innere von Siliciumproben ist abhängig von der Bestrahlungszeit und der Behandlung der Proben von der Bestrahlung. Nach 120 h Bestrahlung im Reaktor sind bis zu 40% des Kupfers aus der Oberfläche tiefer als 20 µm in die Probe gewandert.

Keywords

activation analysis; diffusion; copper; impurities; sample preparation; silicon; surface treatment

Einleitung

Die Neutronenaktivierungsanalyse wird als sehr empfindliches Verfahren zur Bestimmung von Verunreinigungen [1, 2] und Dotanten in Silicium sowohl zur Qualitätskontrolle [3] als auch zur Bestimmung von Diffusions- und Implantationsprofilen [4, 5] angewandt. *Martin* u. a. [6] beschrieben Experimente, aus denen hervorging, daß Verunreinigungen in den oberflächennahen Schichten des Siliciums angereichert sind, wofür in einer späteren Arbeit das Sägen der Einkristalle [7] verantwortlich gemacht worden war. Wir beschrieben in einer vorangegangen Arbeit ein durch die mechanische Kristallbearbeitung verursachtes Konzentrationsprofil mit einer Reichweite über 100 µm und stellten ein davon unabhängiges Profil kürzerer Reichweite fest [9]. Es gibt in der Literatur auch Hinweise für eine Diffusion unter der Wirkung der Reaktorbestrahlung [8, 10].

In diesem Beitrag soll gezeigt werden, wie die aktivierungsanalytisch bestimmten Konzentrationen durch eine während der Neutronenaktivierung stattfindende Diffusion verfälscht werden können. Die Versuche wurden dabei vorwiegend mit sorgfältig gereinigten Proben durchgeführt, so daß nur die Diffusion der verbleibenden Verunreinigungen gemessen wurde.

[1]) Anschrift: 8051 Dresden, PF 19

Experimente

Von gesägten Scheiben oder quadratischen Prismen aus Siliciumeinkristallen wurden mit einem Gemisch aus Fluß- und Salpetersäure Schichten von mehr als 50 µm abgetragen Die meisten Proben wurden zusätzlich in einer Laminarbox gemeinsam mit Quarzschliffbehältern mit Schwefelsäure und Wasser gereinigt und die Proben in die Gefäße gepackt. Diese wurden dann gemeinsam mit Standards in eine Quarzampulle eingeschmolzen. Die Bestrahlungen erfolgten im Core des Rossendorfer Forschungsreaktors bei einer Neutronenflußdichte von ca. $8 \cdot 10^{13}\ n_{th} \cdot cm^{-2} \cdot s^{-1}$ und $1,2 \cdot 10^{13}\ n_s \cdot cm^{-2} s^{-1}$.

Nach einigen Stunden Abklingzeit packten wir die Proben aus und ätzten Schichten ab, zuerst mit Königswasser (KW), danach mit Gemischen aus 40% H_2F_2 und 65% HNO_3 (1:100, 1:10 und 2:5), die jeweils 20 mg Cu-Träger enthielten. Zum Schluß lösten wird das Reststück auf. Nach jedem Ätzschritt erfolgte eine Wägung mit einer Mikrowaage. Aus der Gewichtsabnahme ermittelten wir die Abtragdicke.

Nach Eindampfen der Ätzlösungen wurden die Rückstände mit 9 N HCl aufgenommen, Cu auf SBW-Harz absorbiert, mit 5 N HCl eluiert und als CuSCN ausgefällt. Zur Messung kamen sowohl eine Mehrproben-β,γ-Koinzidenzanordnung mit einem 4″ × 3″-NaI(Tl)-Detektor und 7 29 mm × 0,2 mm Plastdetektoren als auch ein γ,γ-Koinzidenzspektrometer mit einem 50-cm^3-Ge(Li)-Detektor und einem 5″ × 4″-NaI(Tl)-Detektor zur Anwendung. Mit der erstgenannten Anordnung erzielten wir die bessere Nachweisgrenze bei radiochemisch reinen Proben, mit der zweiten Anordnung konnte die radiochemische Reinheit besser kontrolliert werden. Je nach Aktivität wurden die Proben 5 bis 1000 min gemessen.

Zur Bestimmung von Cu, Fe, Sb und Au wurden im Rückstand mit dem Ge(Li)-Spektrometer ^{64}Cu, ^{122}Sb und ^{198}Au gemessen und dieser danach zur Fe-Bestimmung aufgearbeitet. Es wurden nacheinander je eine SBW-Säulentrennung mit Fluß- und Salzsäure sowie extraktive Reinigungsschritte mit einer abschließenden substöchiometrischen Extraktion mit Cupferron durchgeführt. ^{59}Fe wurde mit der β,γ-Koinzidenzanordnung spektrometriert.

Die mit Flußsäure-Salpetersäure abgetragenen Mengen wurden addiert und auf die Probenoberfläche und die Mengen im Reststück auf die Probenmasse bezogen. Da bei den geringen Verunreinigungskonzentrationen keine deutliche Abhängigkeit der Wanderungstiefen von der Konzentration festgestellt wurde, bezogen wir zur Beschreibung des Profils alle Angaben auf insgesamt mit Flußsäure abgetragenen Cu-Mengen:

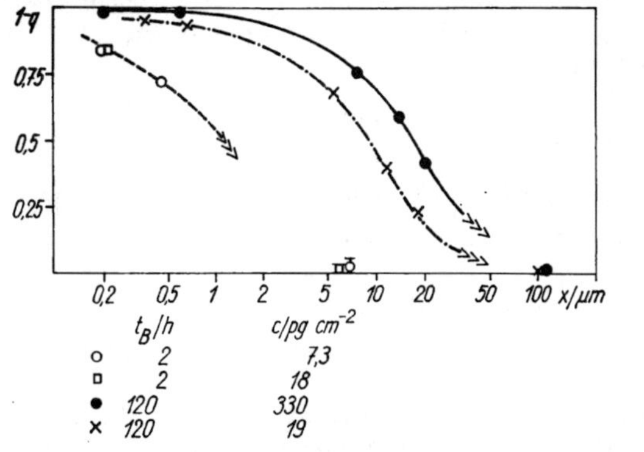

Abb. 1. Abhängigkeit der Diffusion von Cu aus der Oberfläche in Si-Einkristallproben von der Bestrahlungszeit ($\Phi_{th} = 8 \cdot 10^{13}\ cm^{-2}\ s^{-1}$)

$$q_i = \frac{\text{Cu-Menge in der } i\text{-ten Schicht}}{\text{Cu-Menge in allen mit } H_2F_2 \text{ abgetragenen Schichten}}$$

In der graphischen Darstellung (Abb. 1) wird $1 - q = 1 - q_n = 1 - \sum_i^n q_i$ gegen $x = x_n = \sum_i^n x_i$ aufgetragen.

Entsprechende graphische Darstellungen dienten auch zur Interpolation, in Ausnahmefällen zur Extrapolation von Werten.

Ergebnisse

In Abb. 1 werden die Ergebnisse von je zwei Bestrahlungen zu 2 bzw. 120 h von zonengefloatetem Silicium (Scheiben 21 mm × 0,75 mm, vor Bestrahlung 160 µm abgetragen) dargestellt. Nach 2stündiger Bestrahlung ist nach 7 µm Abtrag kein Cu mehr nachweisbar, die Nachweisgrenzen für $1-q$ betrugen 5% und 2%. Nach einer Bestrahlung von 120 h wanderten 60% bzw. 80% des Kupfers weiter als 7 µm. In Tab. 1 sind die Ergebnisse von insgesamt 10 Versuchen zusammengestellt. Ungeachtet der starken Streuungen der Wanderungstiefen ist die Abhängigkeit von der Bestrahlungszeit deutlich erkennbar.

Tab. 2 zeigt den Vergleich der Kupfergehalte in Ätzlösungen nach einer 96 h und einer 24 h Bestrahlung von je vier Siliciumprismen aus Cz-Material.

Bei den vorangegangenen Ätzschritten war mit KW und zweimal 2 min mit H_2F_2–HNO_3 (1:100) geätzt worden. Das

Tab. 1. Wanderung von Kupfer in Scheiben aus zonengefloatetem Silicium. Bestrahlung im Reaktorcore bei $\Phi_{th} = 8 \cdot 10^{13}\ n\ cm^{-2}\ s^{-1}$, Scheiben aus Stab von 21 mm Durchmesser gesägt

Nr	t_b / h	x_0 / µm	d / mm	c_R / ng/g	c_F / ng/cm²	q_{KW}	(1 − q) 0,2 µm	7 µm	20 µm
1	2	160	0,75	0,01	0,2	0,073	0,85	<0,05	
2	2	160	0,75	0,006	0,018	0,7	0,86	<0,02	
3	13	215	4,8	0,005 ±0,003	0,047	0,27	0,97	0,24	
4	14	280	4,7	0,011	0,27	0,22	0,98	0,58	0,20
5	20	175	0,75	0,02	0,026	1,0	0,88	0,43	0,12
6	17	180	0,75	0,04	0,11	0,1	0,94	0,16	0,01
7	120	370	4,5	0,004	0,15	0,04		0,7	0,12
8	120	300	4,6	0,006	0,029	0,5	0,97	0,53	0,16
9	120	150	0,77	0,002	0,019	0,04	0,96	0,60	0,20
10	120	180	0,71	0,005	0,33	0,004	0,998	0,82	0,45

Tab. 2. Einfluß der Bestrahlungszeit auf die Diffusion von Cu in Czochralski-Silicium. ($x_0 = 430$ µm, im Tabellenkopf ist $x_n = \sum_1^n x_i$ angegeben, in x_1 und c_1 sind zwei Ätzschritte zusammengefaßt)

Probe	t_B h	x_1 µm	x_2 µm	x_3 µm	c_1 ng/cm²	c_2 ng/cm²	c_3 ng/cm²
1	24	0,10	11,7	310	0,014	0,29	<0,03
2	24	0,16	10,3	400	0,005	0,47	<0,02
3	24	0,18	12,0	360	0,008	0,44	<0,1
4	24	0,19	11,5	430	0,011	0,26	<0,05
5	96	0,21	14,7	380	0,02	1,5	0,8
6	96	0,16	15,7	350	0,02	0,8	0,9
7	96	0,20	14,9	240	0,03	0,6	1,7
8	96	0,17	14,3	290	0,01	0,9	0,5

Tab. 3. Verteilung von Cu, Fe, Sb und Au auf einzelne Abtragschichten von CZ-Si-Proben ($t_B = 96$ h)

i	x_i µm	c_{Cu} ng/cm²	c_{Fe} ng/cm²	c_{Sb} ng/cm²	c_{Au} ng/cm²
1	KW	0,07	4,6	0,23	$<2 \cdot 10^{-4}$
2	0,05	0,006	2,1	0,15	$2,2 \cdot 10^{-3}$
3	0,14	0,013	0,6	0,08	0,010
4	14,7	0,95	1,1	0,03	0,030
5	330	1,00	<1	<0,07	$<2 \cdot 10^{-5}$
6	230	<0,04			

Tab. 4. Wanderung von Fe, Cu, Sb und Au bei 96 h Bestrahlung

Element	q_{KW}	$(1-q)_{0,19\,\mu m}$	c_F ng/cm²	c_R ng/g
Cu	0,03	0,99	2,0	1,6
Au	$<5 \cdot 10^{-3}$	0,75	0,04	$<2 \cdot 10^{-4}$
Fe	1,2	0,29	3,8	11
Sb	0,9	0,11	0,26	<0,03

Tab. 5. Diffusion von Cu aus einer zementierten Cu-Schicht in eine ZF-Si-Scheibe (28 mm × 2,2 mm) bei 20 h Bestrahlung

i	x_i	c_i ng/g	c_F ng/cm²
1	0,48	$1,6 \cdot 10^7$	2000
2	0,27	$1,4 \cdot 10^4$	0,9
3	0,27	6300	0,4
4	0,36	2200	0,2
5	0,26	620	0,04
6	4,56	22	0,025
7	6,99	0,8	0,0014
8	10,2	0,4	0,0010
9	7,1	<0,2	<0,0003
10	43	<0,1	<0,0007

Einpacken vor der Bestrahlung erfolgte nicht in der Laminarbox.

Während bei der 96-h-Bestrahlung 50% des Kupfers weiter als 15 µm wanderte, verbleiben bei der 24stündigen Bestrahlung 80% innerhalb der ersten 12 µm. Wegen des hohen Gehalts an Cu im CZ-Si ($c_R \sim 1$ ng/g) läßt sich die Wanderung in diesem Material nicht besonders gut verfolgen. Der Einfluß der längeren Bestrahlungszeit ist jedoch auch hier deutlich zu erkennen.

In den 69 h bestrahlten Proben aus CZ-Si wurden auch Fe, Sb und Au bestimmt. Tab. 3 zeigt die Verteilung dieser Elemente auf die einzelnen abgetragenen Schichten, wobei jeweils die Gehalte von vier Teilproben gemittelt worden sind. Besonders die in Tab. 4 zusammengestellten Werte machen deutlich, daß die Wanderungstiefe von Cu die von Au bzw. von Fe und Sb um Größenordnungen übersteigt.

Den Versuch, nach Zementation von Cu auf Si eine größere Menge Cu wandern zu lassen, zeigt Tab. 5. Eine 28 mm × 2,2 mm Scheibe aus FZ-Si wurde in einer Lösung von 8µg Cu/ml (^{64}Cu enthaltend) in 11 ml 36% H_2F_2 10 min bewegt, wobei sich entsprechend einer Aktivitätsmessung 63% des Cu abschieden. Nach 20 h Bestrahlung wurden abgetragene Schichten spektrometriert. Wie die Tabelle zeigt, finden sich nach 6,2 µm, d. h. nach dem 6. Ätzschritt nur noch 0,0024 ng/cm², das ist weniger als bei den in Tab. 1 aufgeführten Scheiben ohne vorheriger Cu-Beladung nach dieser Abtragtiefe zu finden ist.

Es muß hier aber auch erwähnt werden, daß bei zwei Bestrahlungen von CZ-Si-Prismen von 120 h bei $\Phi_{th} = 6 \cdot 10^{13}\,n\,cm^{-2}s^{-1}$ ebenfalls keine bemerkenswerten Cu-Wanderungen beobachtet wurden. Wir fanden bei vier gemeinsam bestrahlten Proben $c_F = 1,2$ ng/cm², $q_{KW} = 2,5$ und $q = 0,5$ bei 3,9 µm und bei zwei später bestrahlten Proben $c_F = 0,55$ ng/cm², $q_{KW} = 5,5$ und $(1 - q) = 0,08$ für 4,8 µm. Die dabei eingesetzten Proben waren im Gegensatz zu den in den vorher beschriebenen Versuchen verwendeten vor der Bestrahlung mit Säuregemisch (1:5) statt (2:5) geätzt worden.

Diskussion

Wir fanden bei der Untersuchung von geläppten und chemisch polierten Scheiben in [8] ein durch die mechanische Probenbearbeitung erzeugtes Konzentrationsprofil, das durch die Beziehung

$$c_{Cu} = 2\,\text{ppm} \cdot e^{\cdot\,(x/190\mu m)^2}$$

dargestellt werden kann. Auf dieses weitreichende Profil war es ohne Einfluß, ob der Abtrag vor oder nach der Bestrahlung erfolgte. Ein zweiter Profilabschnitt blieb immer bestehen, auch wenn ein Abtrag vor der Bestrahlung erfolgte. Für c_F wurde in 14 Versuchen (0,5 $\overset{\times}{:}$ 2,6) ng/g gefunden. Daraufhin packten wir die Proben in einer Laminarbox ein, worauf sich ein niedrigerer Wert (0,06 $\overset{\times}{:}$ 3) ng/g (9 Werte) einstellte. Als Verunreinigungsquelle mußte deshalb bei den in [8] beschriebenen Versuchen die Laboratmosphäre angesehen werden.

In dieser Arbeit konnte nun gezeigt werden, daß das Profil mit kurzer Reichweite während der Bestrahlung selbst entstanden ist. Die Wanderung von Cu ist dabei schneller als die von Fe, Sb und Au. Die in Tab. 1 beim Vergleich der Versuche Nr. 3 und 4 sowie 9 und 10 erkennbaren großen Schwankungen weisen auf weitere Einflußfaktoren hin.

Wenn man die Versuchsbedingungen, bei denen nach 90 h Bestrahlung die Hälfte des Kupfers weiter als 7 µm gewandert ist, mit denen vergleicht, wo die Hälfte des

Kupfers in der Schicht bis zu 4 μm verblieben ist, so fällt als Unterschied ins Gewicht, daß im ersten Falle vor der Bestrahlung von der Probe mit Flußsäure-Salpetersäure (2:5) mehr als 300 μm und im zweiten Falle mit einem Gemisch (1:5) weniger als 70 μm abgetragen worden sind. Daraus läßt sich der Schluß ziehen, daß für die Diffusion während der Bestrahlung von der Oberfläche in die Probe die Beschaffenheit der Siliziumoberfläche eine bedeutende Rolle spielt.

Gaworzewski et al. [9] beschreiben die Diffusion von Sb während der Bestrahlung aus einem Sb-dotiertem Si-Einkristall in eine aufgewachsene Epitaxischicht, wobei die gefundenen Wanderungstiefen unsere Werte beträchtlich übertreffen.

Koifman und *Niyazova* [10] untersuchten die Diffusion von auf Si aufgedampften Au und Zn bei 100 h Bestrahlung im Reaktor bei einer Neutronenflußdichte von $1{,}8 \cdot 10^{13}$ $cm^{-2}s^{-1}$ und fanden Diffusionskoeffizienten von $1{,}5 \cdot 10^{-11}$ und $2{,}2 \cdot 10^{-12}$ cm^2s^{-1}, welche den Werten bei thermischer Diffusion von 790 °K und 970 °K entsprechen. Die gefundenen Wanderungstiefen übertreffen für Au unsere Werte. Die Autoren machen für die strahlungsstimulierte Diffusion die Gammastrahlung im Reaktor verantwortlich und schreiben den durch Neutronen erzeugten Defekten eine hemmende Wirkung zu.

Schlußfolgungen

Die Untersuchung der strahlungsstimulierten Diffusion besitzt für die Aktivierungsanalyse von Festkörpern eine große Bedeutung. Um die Wanderung von Verunreinigungen aus der Oberfläche in das Probeninnere zu reduzieren, ist sowohl eine gründliche Reinigung der Proben von der Bestrahlung und Verpackung in einer Laminarbox als auch ein ausreichender Ätzabtrag nach der Bestrahlung erforderlich. Ob sich auf Grund der Einflüsse der Oberflächenbeschaffenheit auf die Diffusion eine diffusionshemmende Vorbehandlung ausarbeiten läßt, ist noch zu ermitteln.

Ich möchte an dieser Stelle Frau *M. Dommasch* für ihre sorgfältige experimentelle Mitarbeit herzlich danken. Besonderen Dank schulde ich dem VEB Spurenmetalle Freiberg, insbesondere den Herrn *Engelhardt*, Dr. *Clauß* und *Geidel*, sowohl für die Bereitstellung und mechanische Bearbeitung der Proben als auch für die ständige Ermunterung zur Durchführung dieser Untersuchungen.

Eingegangen am 23. 4. 1980

Literatur

[1] *J. P. Cali* et al., ERD – CRRC – TM – 57 – 103 (1957) USA-Report

[2] *Yu. Yakovlev* et al., Second United Nations Intern. Conf. on the Peaceful Use of Atomic Energy, Proc. 28 (1958) 496

[3] *S. Niese*, Reinstoffe in Wissenschaft und Technik, Intern. Symp. 1961, Akademie-Verlag Berlin 1963, S. 481

[4] *W. Heinze, S. Niese*, Isotopenpraxis 8 (1972) 41

[5] *E. Szabo*, J. Radioanal. Chem. 19 (1974) 23

[6] *J. A. Martin* et al., Z. Anal. Chem. 265 (1973) 122

[7] *H.-J. Born*, J. Radioanal. Chem. 37 (1977) 19

[8] *R. Gaworzewski* et al., J. Radioanal. Chem. 52 (1979) 93

[9] *S. Niese*, J. Radioanal. Chem. 58 (1980) 195

[10] *A. I. Koifman, O. R. Niyazova*, phys stat. sol. (a) 10 (1972) 59

Kurze Originalmitteilungen

Prolactin Effect on Insulin Content of Albino Rats at Different Physiological States

Y. M. Megahed, M. F. Abdel-Wahab, S. M. El-Mougi, F. B. El-Sayed

(Radioisotope Dept., A.E.E., Cairo, Department of Physiology, Faculty of Veterinary Medicine, Zagazig University, and Biochemistry Department, Faculty of Science, Kuwait University)

Keywords

antibodies; insulin; iodine 125; metabolism; physiology; radioimmunoassay; rats

Introduction

The importance of prolactin in vertebrates physiology has become appreciated only with the last 10 years. Prolactin appears to have widespread metabolic action. As yet the basic action of prolactin on protein, carbohydrates, lipids and other metabolic pathway have been studied as mentioned by *Kompiang* et al. [5] and *Thurston* et al. [11].

In concern with the relation between prolactin and insulin many authors dealt with the point from the side action of insulin injection on prolactin (*Bryant* et al. [2] and *Sud* et al. [10]) where they reported that insulin injection decreases the level of prolactin. But *Copinschi* et al. [3] reported that insulin injection causes reduction in glucose level with increase in circulating prolactin.

The aim of this work is a trial to study the metabolic action of prolactin injection in a single and 4 days doses on insulin levels in plasma and pancreas of albino rats at different physiological states, applying radioimmunoassay technique for insulin estimation.

Materials and Methods

288 albino rats of 60 – 90 gms obtained from Animals Breeding House, Ministry of Public Health, were grouped into 6 groups, each of 48 rats as follows:

1. Intact mature male rats
2. Wature ovarictomized rats
3. Mature castrated rats
4. Immature female rats, injected with gonadotropin (virgin rats)
5. Immature female rats
6. Immature male rats

For the ovarictomized and castrated groups were kept two weeks after operation (virgin rats), immature female rats injected with 40 I.U. of Antex. Lae twice to get 80% of rats open virginas as described by *Soliman* et al. [9].

Each group were separated into 2 equal batches, A & B. For A batch, rats were fasted 18 h, then grouped in subgroups; 1st subgroup was kept as control, 2nd, 3rd & 4th subgroups were injected I.p. with 50, 100 & 250 µg prolactin, respectively. After 3 h all rats sacrificed and blood samples, collected for separating plasma and pancreas tissues.

For B batch, the same subgroups as in batch A, but prolactin injection was once daily for 4 successive days. In the 5th day all rats were sacrified for blood sampling and pancreas tissue.

The blood kept in tubes containing, tetriplex R_{111} (EDTA) as an anticoagulant. Then centrifuged and plasma of rats (6 rats) belonging to a subgroup was pooled for insulin estimation.

The tissue of pancreas of each subgroup were collected as one sample for insulin estimation.

Insulin extraction has been carried out for plasma samples as described by *Well* et all. [12] and for pancreas samples as described by *Abdel-Wahab* et al. [1].

Insulin estimation has been carried out quantitatively in micro unit/ml by our modified technique for radioimmunoassay of insulin (*Megahed* et al. [6]). The insulin antibodies and radiotracer insulin ^{125}I were obtained from Amersham, U.K.

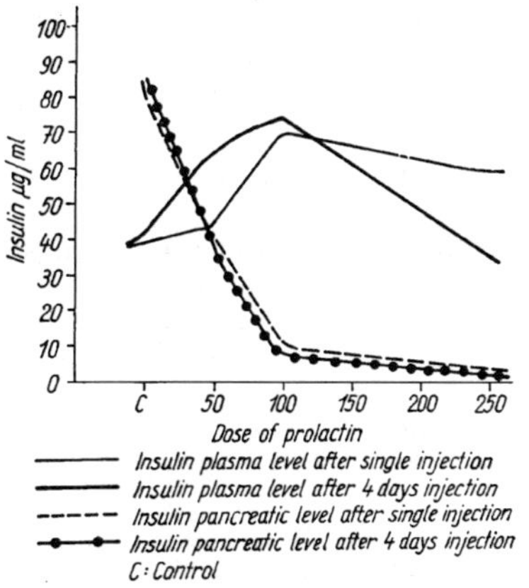

Fig. 1. Changes in insulin levels of plasma and pancreas of intact mature male rats after prolactin I.p. injection

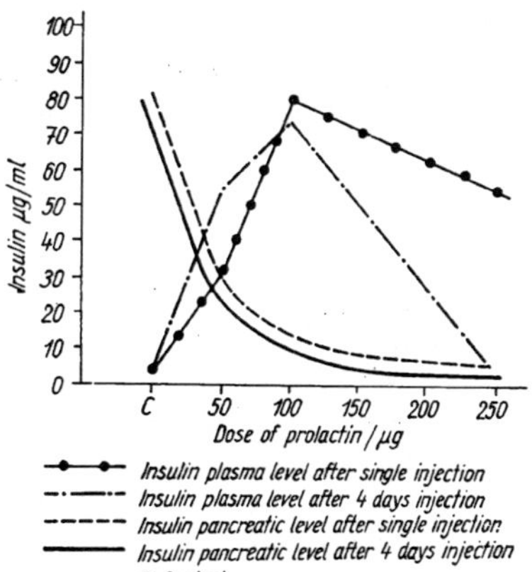

Fig 2. Changes in insulin levels of plasma and pancreas of ovarictomized rats after prolactin I.p. injection

Results

The results obtained in this study are represented in 2 tables and 6 figures, after statistical analysis for mean values with its standard error; the student "t" to get significances of the differences, mean values (*Sendecer* et al. [8].

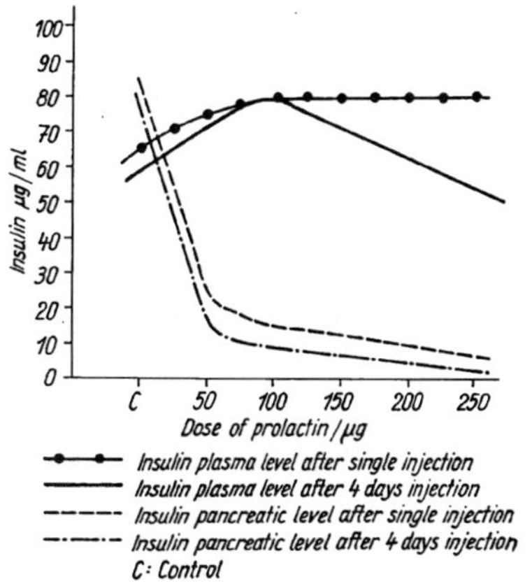

Fig. 3. Changes in insulin levels of plasma and pancreas of castrated rats after I.p. injection of prolactin

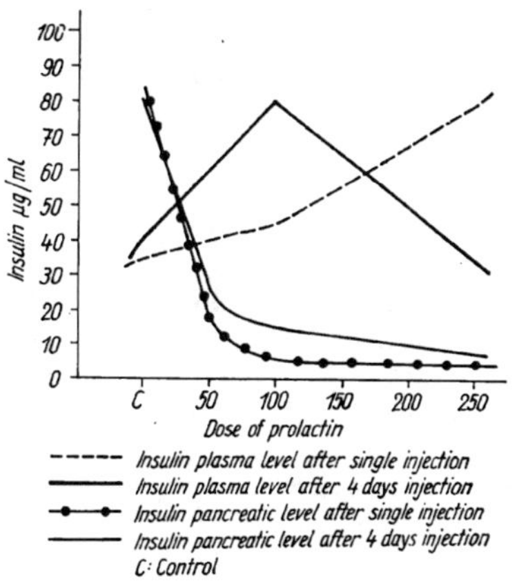

Fig. 4. Insulin levels changes in plasma and pancreas of virgin rats after I.p. injection of prolactin

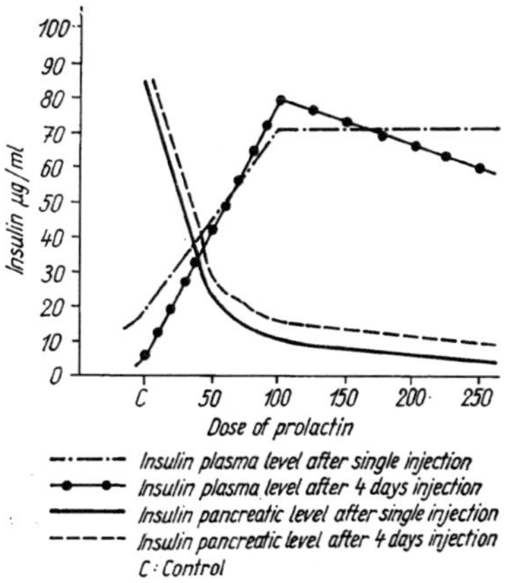

Fig. 5. Changes in insulin plasma and panreatic levels of immature female rats after I.p. injection of prolactin

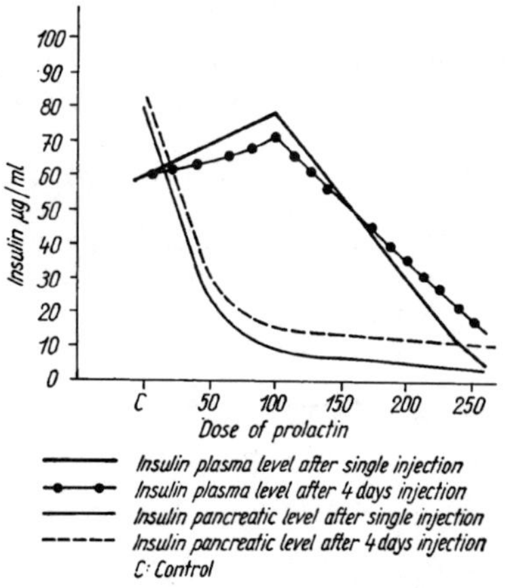

Fig. 6. Insulin levels changes in plasma and pancreas of immature female rats after prolactin I.p. injection

Discussion

It is rather important to settle arguments regarding the facts related to various aspects of the relation between insulin levels and prolactin in plasma and pancreas, where *Copinschi* et al. [3] reported that insulin causes a significant increase circulating prolactin in humans. In the mean time *Goodner* at el. [4] suggested that prolactin has higher specific activity on protein synthesis than growth hormone as that of insulin.

In a trial to clarify this relation, we have carried out the estimation of plasma and pancreatic insulin levels for albino rats at different physiological states, within rats injected with prolactin doses (50, 100 & 250 µg) for single injection and others for 4 days successive injection in comparison with control group without prolactin injection at all. The estimation has been carried out, applying the newly sensitive advanced technique for radioimmunoassay

Tab. 1. Effect of I.p. injection of prolactin on plasma insulin levels for different groups

Group of Rats	Mean Values of Insulin µg/ml + S.E.							
	Single injection				4 days injection			
	Control	50 µg	100 µg	250 µg	Control	50 µg	100 µg	250 µg
Mature Male	40.00 ± 0.80	45.00 ± 0.72	70.00 0.50	60.00 0.50	42.00 ± 0.62	65.00 ± 0.52	75.00 ± 0.71	40.00 ± 0.35
Ovarictomized	2.00 ± 0.15	33.00 ± 0.30	80.00 ± 0.21	60.00 ± 0.52	2.00 ± 0.61	50.00 ± 0.82	78.00 0.13	2.00 ± 0.15
Castrated	62.00 ± 0.80	72.00 ± 0.22	78.00 ± 0.71	80.00 ± 0.80	60.00 ± 0.80	75.00 ± 0.15	80.00 ± 0.41	7.00 ± 0.52
Virgin	35.00 ± 0.32	40.00 ± 0.21	45.00 ± 0.14	80.00 ± 0.80	40.00 ± 0.81	60.00 ± 0.52	80.00 ± 0.15	30.00 ± 0.51
Immature Female	18.00 ± 0.12	45.00 ± 0.20	72.00 ± 0.10	72.00 ± 0.31	5.00 ± 0.42	45.00 ± 0.45	80.00 ± 0.14	60.00 ± 0.25
Immature Male	60.00 ± 0.61	70.00 ± 0.25	78.00 ± 0.51	10.00 ± 0.15	60.00 ± 0.81	68.00 ± 0.61	72.00 ± 0.71	18.00 ± 0.15

Estimation for each subgroup has been carried out 10 times

Tab. 2. Effect of I.p. injection of prolactin on pancreatic insulin levels for different rats

Group of Rats	Mean Values of Insulin µg/ml + S.E.							
	Single injection				4 days injection			
	Control	50 µg	100 µg	250 µg	Control	50 µg	100 µg	250 µg
Mature Male	80.00 ± 0.40	40.00 ± 0.43	10.00 ± 0.10	4.00 ± 0.10	80.00 ± 0.42	35.00 ± 0.31	8.00 ± 0.12	3.00 ± 0.03
Ovarictomized	80.00 ± 0.82	30.00 ± 0.15	12.00 ± 0.12	5.00 ± 0.10	78.00 ± 0.72	28.00 ± 0.15	13.00 ± 0.18	2.00 ± 0.10
Castrated	80.00 ± 0.62	22.00 ± 0.18	17.00 ± 0.08	8.00 ± 0.05	80.00 ± 0.74	15.00 ± 0.09	14.00 ± 0.10	5.00 ± 0.13
Virgin	80.00 ± 0.16	22.00 ± 0.15	14.00 ± 0.10	8.00 ± 0.06	80.00 ± 0.61	25.00 ± 0.20	15.00 ± 0.05	5.00 ± 0.12
Immature Female	80.00 ± 0.60	20.00 ± 0.10	10.00 ± 0.06	5.00 ± 0.30	80.00 ± 0.50	43.00 ± 0.30	14.00 ± 0.140	12.00 ± 0.13
Immature Male	80.00 ± 0.42	25.00 ± 0.13	15.00 ± 0.08	5.00 ± 0.03	80.00 ± 0.61	22.00 ± 0.22	10.00 ± 0.10	8.00 ± 0.03

Estimation for each subgroup has been carried out 10 times.

of insulin to release the samll change in insulin conten at different doses.

It appears from the obtained results in this study that when prolactin injected intraperitineally in different groups of rats injected once or four successive injection daily. There is a gradual increase in plasma insulin levels, reaching its maximum with 100 μg prolactin for both types of injection. When dose increased to 250 μg, there was a gradual decrease, with 4 days injection. But pancreas insulin was exhausted gradually until a lower level at 250 μg injection (Fig. 1, 2, 5, 6) only in case of virgin and castrated groups, there is gradual increase in plasma insulin at single injection, without gradual decrease at 250 μg (Fig. 3, 4). From that observation, it could be suggested that prolactin effects the output of insulin and estimulates pancreas to secrete insulin in plasma.

Previous conclusions of *Copinschi* et al. [3], *Rafaelson* et al. [7] and that of our study indicate a good relation or mechanism between the physiology of insulin and prolactin where prolactin stimulates synthesis and secretion of insulin, insulin stimulates synthesis of prolactin.

Summary

From the above study it sould be concluded that:

1. Prolactin I.p. injected in albino rats, affects secretion of plasma insulin for maximum quantity at a dose of 50, 100 μg prolactin. Then a gradual decrease in plasma insulin at 250 μg dose in single and 4 days injection for all groups expect only virgin and castrated rats, where gradual increase without decrease at 250 μg for single injection.
2. Prolactin I.p. injection affects pancreatic insulin level with a gradual decrease, reach its lower level at 250 μg prolactin in both single and 4 days injection for all studied groups.

Received 30 April, 1980

References

[1] *M. F. Abdel-Wahab, H. Abdel Monein,* Endocrinologie **53** (1968) 128

[2] *G. D. Byrant, Greenwood,* J. Endocrinol. **40** (1968) 11

[3] *G. L. Copinschi, M. Hermite,* Endocrinology **29** (1973) 1217

[4] *G. H. Goodner,* Endocrinology **90** (1972) 4

[5] *I. P. Kompiang, W. R. Gibson,* Au. U. of Physiol. **224** (1973) 363

[6] *Y. M. Megahed, M. F. Abdel-Wahab, S. Sadek,* Isotopenpraxis **12** (1976) 169

[7] *O. J. Rafaelson,* Acta physiol. Scand. **61** (1974) 314

[8] *G. Sendecer,* Statistical Methods, text book, 6th ed. The Iwa State University press, Amers. Iwa, U.S.A. 1969

[9] *F. A. Soliman,* Acta Endocrinol. **17** (1941) 58–64

[10] *S. G. Sud,* J. Exp. Biol. **10** (1972) 360

[11] *J. Thurston, E. H. Richard,* J. Biol. Chem. 250 (1975) 1751

[12] *G. R. Well, R. Robbins,* clin. Res. **17** (1969) 394

Probenchemische Methode zur Bestimmung von ^{15}N an in Gesteinen fixiertem Stickstoff

D. Haendel

(Zentralinstitut für Isotopen- und Strahlenforschung der AdW der DDR, Leipzig)[1])

Keywords

element abundance; geochemistry; isotope ratio; nitrogen 14; nitrogen 15; rocks; sample preparation

Zur Klärung geologischer Prozesse werden in zunehmendem Maße die Isotopenvariationen des Stickstoffs herangezogen. Da der größte Teil des Stickstoffs der Gesteine in gebundener Form als Ammoniumstickstoff [1–6] vorliegt, kommt der Untersuchung der Isotopenvariationen desselben eine große Bedeutung zu.

Eine früher von uns [7] beschriebene Methode zur Gewinnung des in Gesteinen fixierten Stickstoffs erwies sich als nicht in jedem Fall einsetzbar.

Der Schwefelsäureaufschluß liefert gute Ergebnisse bei Phylliten, versagte jedoch bei höher metamorphen Gesteinen, da diese nicht quantitativ aufgeschlossen wurden. Zum anderen war Pyrophosphorsäure, die zwar diese Gesteine aufschloß, wegen ihres relativ hohen Stickstoffgehaltes im Vergleich zu dem der Gesteine ungeeignet. Als geeignete Variante bot sich der Aufschluß mit Flußsäure an, die in hohem Maße die gestellten Anforderungen erfüllt: hohe Reinheit und vollständiger Aufschluß. Aus der Literatur sind Arbeiten bekannt, in denen, allerdings für teilweise andere Themenstellungen, Aufschlüsse mit Flußsäure beschrieben werden [3, 8–10].

An die Reinheit der Chemikalien müssen hohe Anforderungen gestellt werden, da schon Ammoniumgehalte <1 ppm zu fehlerhaften Ergebnissen führen können. Als Chemikalien kamen zum Einsatz:

- HF (40%) suprapur (Merck) oder z. Analyse (VEB Chemiewerk Nünchritz)
- NaOH (33%) zur Stickstoffbestimmung (Laborchemie Apolda)
- H_2SO_4 (konz.) reinst oder suprapur (Merck)
- Bromthymolblau als Indikator (1% in 20%igem Ethanol).

Als Reaktionsgefäße wurden 100 ml Polyethylenflaschen eingesetzt. Sie sind für den Aufschluß sehr gut geeignet, sollten jedoch nach einer Benutzungsdauer von 6–8 Monaten durch neue ersetzt werden, da sie durch thermische Beanspruchung ihre Elastizität verlieren und reißen.

[1]) Anschrift: 7050 Leipzig, Permoserstraße 15

Der Einsatz der Flußsäure bietet gegenüber dem Aufschluß mit H_2SO_4 folgende Vorteile:

- Der Aufschluß ist vollständig.
- Die Aufschlußzeit verkürzt sich wesentlich.
- Die Reproduzierbakeit der Ergebnisse ist gut.

Für unsere Aufgabenstellung hat sich folgende Arbeitsweise als günstig erwiesen: Die Grobzerkleinerung des Gesteins erfolgte in einem Backenbrecher. Das auf eine Maximalgröße von 15—20 mm gebrochene Gestein wird in einem Achatmörser nach 10minütigem Spülen mit techn. Neon 150—200 g-weise 1 h in einer Labor-Fliehkraftkugelmühle gemahlen (Korngröße <200 µm). 15 g Gestein werden portionsweise zu einer Mischung aus 60 ml HF und 12 ml 50% H_2SO_4 gegeben. Dabei kann sich das Aufschlußmittel bis zur Siedetemperatur erwärmen. Nach der Zugabe werden die Flaschen verschlossen und im Wasserbad auf 90 °C erhitzt. Eine Reaktionsdauer von 8 h erwies sich als ausreichend. Für eine Reihe voh Gesteinen reicht sogar eine Aufschlußzeit von 1—2 h aus. Der Inhalt der Flaschen muß öfter geschüttelt werden. Nach Beendigung der Reaktion wird die Aufschlußlösung mit doppelt destilliertem Wasser in *Kjeldahlkolben* gefüllt, mit Natronlauge alkalisch gemacht, destilliert und das NH_4^+ in 0,1 N H_2SO_4 aufgefangen. Nach titrimetrischer Bestimmung des Schwefelsäureverbrauchs kann die schwach angesäuerte Lösung auf dem Wasserbad eingedampft werden. Der Rückstand reagiert in Gegenwart von CuO und Cu in Supremaxampullen zu molekularem Stickstoff (650 °C/15 h). Der entstandene Stickstoff kann nach Reinigung und Abfüllung in Ampullen zur massenspektrometrischen Präzisionsisotopenanalyse eingesetzt werden.

Die Methode wurde an einer Vielzahl von Proben getestet und lieferte gute Ergebnisse [11]. Die Fehlerabschätzung ergab folgende Resultate:

Phyllite: $\varnothing\sigma = 7\%$ rel. (für den Stickstoffgehalt in ppm)
(bei $n = 13$) $\varnothing\sigma = 10\%$ rel. (für den δ^{15}N-Wert)
Gneise: $\varnothing\sigma = 18\%$ rel. (für den Stickstoffgehalt in ppm)
(bei $n = 17$) $\varnothing\sigma = 12\%$ rel. (für den δ^{15}N-Wert).

Der höhere Durchschnittsfehler für die Standardabweichung des Stickstoffgehalts bei Gneisen ist darauf zurückzuführen, daß dieser bei den Gneisen um eine Zehnerpotenz niedriger ist.

Der Autor dankt Frau *K. Zaspel* für die sorgfältige Durchführung der probenchemischen Arbeiten sowie Frau *Ch. Schachtschneider* für die präzise Ausführung der massenspektrometrischen Isotopenanaylsen.

Eingegangen am 7. 5. 1980

Literatur

[1] *R. Goguel*, Geochim. Cosmochim. Acta **27** (1963) 155
[2] *F. J. Stevenson*, Science **130** (1959) 221
[3] *F. J. Stevenson*, Geochim. Cosmochim. Acta **26** (1962) 797
[4] *A. P. Winogradow, K. P. Florenskij, W. F. Wolynetz*, Geochimija 1963, 875; Geochemistry **10** (1963), 905 (englische Übersetzung)
[5] *W. F. Wolynetz, I. K. Zadoroshnij, K. P. Florenskij*, Geochimija, **1967**, 587
[6] *B. Adamski*, Ein Beitrag zur Geochemie des Stickstoffs, Diss. Bergakademie Freiberg 1976
[7] *D. Haendel, W. F. Wolynez, G. Stiehl*, Isotopenpraxis **14** (1978) 103
[8] *F. Wlotzka*, Geochim. Cosmochim. Acta **24** (1961) 106
[9] *A. E. Martin, R. J. Gilkes, J. O. Skjemstad*, Geochim. Cosmochim. Acta **11** (1957) 165
[10] *O. Müller*, Chem. Erde **37** (1978) 1
[11] *D. Haendel, K. Mühle, G. Stiehl, U. Wand*, Z. angew. Geol., in Vorbereitung

Aus der Praxis

Zur Rationalisierung der Eichung medizinischer Dosimeter

Keywords

calibration; dosemeters; ionization chambers; medicine

Die Prüfung medizinischer Dosimeter auf Richtigkeit ihrer Anzeige erfolgt im allgemeinen nach der Substitutionsmethode. Normal und Prüfling befinden sich dabei nacheinander am gleichen Ort im Strahlungsfeld. In den Fällen, in denen mit mehr oder weniger großen zeitlichen und räumlichen Veränderungen des Strahlungsfeldes zu rechnen ist und dadurch unzulässig große Fehler bei der Übertragung entstehen können, ist vor der Strahlungsquelle eine sogenannte Monitorkammer in der Weise angeordnet, daß sie vom gleichen Strahlungsbündel durchsetzt wird, welches nacheinander einmal in die Normalkammer eintritt und zum anderen die Ionisationskammer des zu prüfenden Dosimeters durchstrahlt. Dadurch wird gewährleistet, daß gleiche Expositionswerte auf Normal und Prüfling übertragen werden [1].

Gemäß der „Anordnung über die Liste der eichpflichtigen Meßgeräte" vom 10. 6. 1977 sind medizinische Dosimeter in der DDR eichpflichtig. Um trotz der ständig zunehmenden Zahl medizinischer Dosimeter, die in der Strahlentherapie im Einsatz sind, die gesetzlich festgelegte Eichfrist von 2 Jahren einhalten zu können, wird im ASMW ein sogenanntes Mehrkammerverfahren eingesetzt.

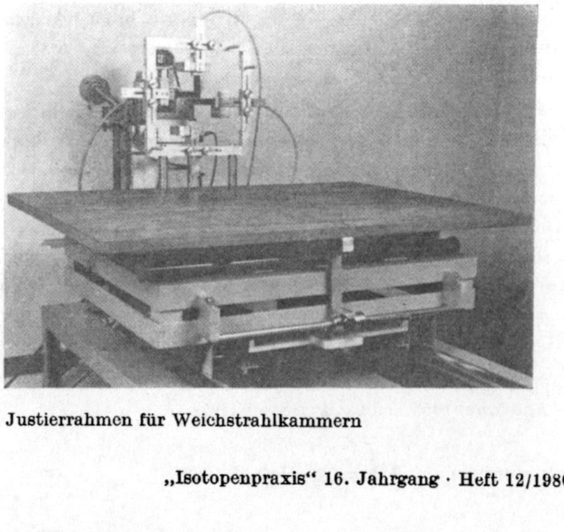

Abb. 1. Justierrahmen für Weichstrahlkammern

Das Mehrkammerverfahren beinhaltet die gleichzeitige Prüfung von maximal 3 Dosimetern des Typs VA-J-18 bzw. 27012 mit Kugelkammer VA-K-253 oder Weichstrahlkammer 70127 (Hersteller VEB Robotron-Meßelektronik „Otto Schön" Dresden) mit Röntgenstrahlung. Dabei werden die zu prüfenden Kammern, durch eine geeignete Vorrichtung gehaltert und gleichmäßig im Strahlungsfeld angeordnet, mit der Normalkammer eines Referenznormals I. Ordnung verglichen. Die Halterung geschieht durch einen Justierrahmen mit 4 Spannvorrichtungen, die eine konzentrische Positionierung der Kammern im Strahlenbündel erlauben (s. Abb. 1 und 2). Die optimale Anordnung der Kammern ergab sich im Ergebnis von Messungen zur Bestimmung der Homogenität der Strahlungsfelder der 250-kV-Röntgeneinrichtung T 250 bzw. der 60-kV-Röntgeneinrichtung T 60 und Kontrolluntersuchungen zur Vermeidung der gegenseitigen Beeinflussung der Kammerströme durch Streustrahlung.

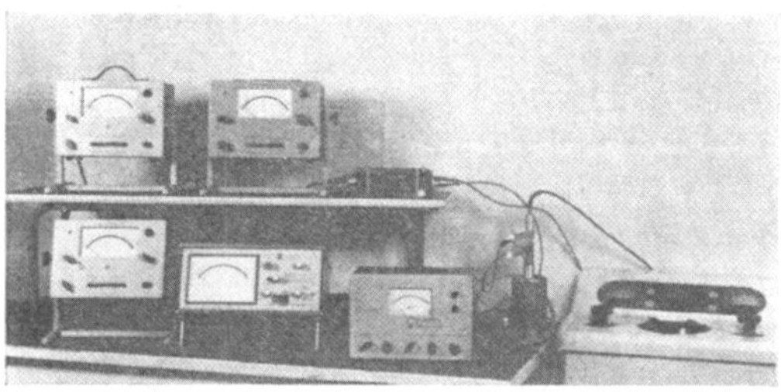

Abb. 2. Anzeigegeräte zum Nachweis der in den Ionisationskammern bei Bestrahlung erzeugten Ionisationsströme

Zum Nachweis der Eignung dieser Prüfmethode wurde zunächst jeder der 3 zu prüfenden Detektoren vom Kugelkammer- bzw. Weichstrahlkammertyp einzeln mit der entsprechenden Normalkammer verglichen, wobei die Kammern nacheinander ins Zentrum des Strahlungsbündels gebracht und die Korrektionsfaktoren ermittelt wurden (bisherige Prüfmethode). Anschließend wurden alle 4 Kammern im Strahlungsbündel auf einem Kreisring mit dem günstigsten Radius angeordnet und gleichzeitig bei Variation des Meßwertes auf dem Kreisring geprüft. Tab. 1 und 2 zeigen die Ergebnisse dieser Prüfungen, ΔI entspricht dabei der Expositionsänderung, bezogen auf das Strahlungsbündelzentrum, und ΔK der Korrektionsfaktoränderung. Im Ergebnis der durchgeführten Voruntersuchungen konnte festgestellt werden, daß dieses rationelle Verfahren für die Prüfung der genannten medizinischen Dosimeter mit den angegebenen Ionisationskammern gut geeignet ist.

Tab. 1. Ergebnisse der Weichstrahlkammerprüfung (Fokusabstand 30 cm, Bündeldurchmesser 7 cm, Abstand Kammermittelpunkt — Strahlungsbündelzentrum 1,5 cm)

Strahlungsqualität			
Anregungsspannung kV	Gesamtfilterung mm	ΔI in %	ΔK in %
20	1,0 Be	± 2,0	± 1,0
40	1,0 Al	± 1,5	± 0,5
60	2,5 Al	± 1,0	± 0,5

Tab. 2. Ergebnisse der Kugelkammerprüfung (Fokusabstand 80 cm, Bündeldurchmesser 9 cm, Abstand Kammermittelpunkt — Strahlungsbündelzentrum 1,75 cm)

Strahlungsqualität			
Anregungsspannung kV	Gesamtfilterung mm	ΔI in %	ΔK in %
80	2,5 Al	± 0,5	± 0,6
140	0,5 Cu	± 1,0	± 1,0
220	2,5 Cu	± 1,0	± 1,5

Das Mehrkammerverfahren hat sich seit 1978 bei der routinemäßigen Eichung medizinischer Dosimeter bewährt und zu einer Verkürzung des Prüfungsumfanges um 33% geführt. Im Sinne einer weiteren Vereinfachung der Eichung wird im ASMW die Energieabhängigkeit der Anzeige der zu prüfenden Arbeitsmittel direkt unter Bezugnahme auf die Anzeige der Monitorkammer, deren Energieabhängigkeit in regelmäßigen Zeitabständen ermittelt wird, gemessen.

H. Rothe, H. Lundie, K. Günther, H. Korn
Amt für Standardisierung, Meßwesen und Warenprüfung der DDR

Eingegangen am 14. 5. 1980

Literatur

[1] *H. Rothe, K. Willuhn*, Isotopenpraxis 8 (1972) 281

Informationen

Frankreich. Im SAP (Service des ateliers pilotes) in Marcoule wurde eine neue Anlage zur Plutoniumextraktion mit TBP in Betrieb genommen, die für die Extraktionswäsche mit pulsierenden Kolonnen ausgestattet ist. Die Endkonzentrierung des Plutoniumnitrates erfolgt in einem Zry-Behälter. Daran schließt sich die Umwandlung in PuO_2 an.

Brasilien. In der zweiten Jahreshälfte 1980 sollen die Hauptarbeiten für die Errichtung einer Trenndüsen-Demonstrationsanlage zur Urananreicherung beginnen. Entsprechende Vereinbarungen wurden zwischen der Empresas Nucleares Brasileiras S.A. (NUCLEBRAS) und der STEAG AG (BRD) getroffen. Die Anlage wird zunächst eine Kapazität von 180 t UTA/a besitzen, die bis 1986 auf etwa 260 t UTA/a gesteigert werden soll.

IAEA/Österreich. Anfang Juli 1980 unterzeichneten der amtierende Generaldirektor der Internationalen-Atomenergie-Agentur (IAEA), Prof. *I. Scholudew*, und der Generaldirektor des libyschen Atomenergie-Instituts, Dr. *A. Eskangi*, ein Abkommen zwischen der Libysch-Arabischen

Dschamahirija und der IAEA über die Ausübung der Sicherheitskontrolle auf Grund des Atomwaffensperrvertrages.

Das Abkommen ist in Kraft getreten. Insgesamt haben 69 Staaten nach Artikel III des Atomwaffensperrvertrages Kontrollabkommen mit der IAEA abgeschlossen.

UdSSR. Heft 6/1980 der Zeitschrift „Atomnaja Energija" enthält u. a. folgende Beiträge:
Untersuchung der Effektivität von Näherungsmethoden zur Berechnung von Neutronenfeldern (*S. S. Gorodkow*);
Numerische Untersuchung der Verteilung der Neutronen einer 14-MeV-Impulsquelle in einem endlosen zylindrischen Zweischicht-Medium (*A. A. Morosow* u. a.);
Bestimmung der Charakteristika der Resonanzstruktur des Gesamtquerschnitts und des Spaltquerschnitts von ^{235}U und ^{239}Pu bei Neutronenenergien von 2 eV ... 20 keV (*A. A. Wankow* u. a.);
Anwendung der Wellenleiter-Sondierungsmethode zur Dosimetrie der Bremsstrahlung von Präzisionsbeschleunigern (*J. P. Bakulin* u. a.);
Eine Methode zur Bestimmung der Isotopenzusammensetzung mit Hilfe der *Coulomb*-Anregung von Kernen (*W. N. Bugrow* u. a.);

Kurze Originalmitteilungen:
Über Modelle der Speicherung von E_1-Zentren in Quarzen von Uranerzen (*B. M. Moisejew, M. W. Petropawlow*);
Anwendung eines Niederungsbeschleunigers zur Elementaranalyse durch mit Protonen angeregte Röntgenstrahlung (*B. A. Djatschkow* u. a.);
Untersuchung des Grundstromes in Neutronen-Ionisationskammern (*W. P. Iwanow* u. a.);
Untersuchung der physikalisch-chemischen Eigenschaften von bestrahlten anorganischen Lithiumverbindungen: Oxid, Aluminat, Silikate (*W. G. Wasiljew* u. a.);
Berechnung der Akkumulation von ^{232}U, ^{236}Pu und ^{238}Pu in den Brutzonen von Konverter- und schnellen Reaktoren (*J. G. Bobkow* u. a.);
Thermoelektrische Eigenschaften von ZrC, UC-ZrC und UC-UN bei 285 ... 450 K (*L. I. Gomosow, I. S. Achmedsjanow*);
Messung der Ausbeuten an Produkten der ^{236}U-Spaltung durch Neutronen des Spektrums eines schnellen Reaktors (*A. N. Gudkow* u. a.);
Ausbeuten an $^{165, 166, 167, 168, 170}Tm$ bei Reaktionen mit Protonen, Deuteronen und Abphateilchen (*P. P. Dmitriew* u. a.).

Buchbesprechungen

Application of the Dose Limitation System for Radiation Protection — Practical Implications
Proceedings of a Topical Seminar on the Practical Implications of the ICRP Recommendations (1977) and the Revised IAEA Basic Standards for Radiation Protection, Vienna, 5—9 March 1979

IAEA, Wien 1979, 673 S., STI/PUB/521; ÖS 970,—

Das Seminar, gemeinsam organisiert von IAEA, WHO, ILO, OECD/NEA und ICRP diente als Forum für den Austausch von Meinungen, Kritiken und Erfahrungen zur Anwendung der neuen (1977er) Strahlenschutzempfehlungen der ICRP (ICRP-Publikation 26) in den Mitgliedsländern. Die Vorträge, Diskussionen und Rundtischgespräche sollten weiterhin die IAEA unterstützen in der Neufassung der Basisstandards für Strahlenschutz auf der Grundlage der Empfehlungen aus der ICRP-Publikation 26.

Von der ICRP wurden 7 Einladungsvorträge gehalten und das System der Dosislimitierung, die Verfahren der Rechtfertigung und Optimierung, die Prinzipien in der Ableitung der sekundären Limits (ALI, DAC) und die Erfahrungen in der bisherigen Anwendung vorgestellt.

In 35 Vorträgen gaben Vertreter aus 17 Nationen ihre Stellungnahmen zu diesen Empfehlungen ab, die sich wie folgt zusammenfassen lassen:

- Anerkennung der Wissenschaftlichkeit in den Begründungen der neuen Empfehlungen;
- Zustimmung zur Logik im System der Dosislimitierung und im Konzept des effektiven Dosisäquivalents;
- Zustimmung zur Bedeutung der Optimierung im Strahlenschutz und zum ALARA-Prinzip;
- Zweifel an der Umsetzbarkeit in gesetzliche Regelungen und an der Eindeutigkeit, verglichen mit dem bisherigen Konzept der maximal zulässigen Dosis und des kritischen Organs;
- Zweifel, ob die Risikodaten in den Empfehlungen von der Öffentlichkeit als wissenschaftliche Vergleichsbasis oder als Verunsicherung empfunden werden (negative Terminologie);
- Forderung nach weiteren Empfehlungen der ICRP, die die Anwendung der 1977er Basisempfehlungen erläutern sollen (Durchführungsbeispiele).

Der Tagungsbericht (siehe auch Kernenergie **22** (1979) 437) informiert umfassend über die Auffassung der Genehmigungsbehörden der in Kernenergie und Kernforschung führenden Länder zum Inhalt der ICRP-Publikation 26 und zu Änderungen der bisherigen gesetzlichen Regelungen auf dem Gebiet des Strahlenschutzes. Er ist den wissenschaftlichen Mitarbeitern des Strahlenschutzes, den Strahlenschutzmedizinern und Strahlenbiologen zur Auswertung empfohlen, enthält aber auch wertvolle Hinweise für den Wissenschaftler auf dem Gebiet des Arbeits- und Gesundheitsschutzes.

W. Roßbander

The diffusion of copper from the surface into the volume of silicon samples depends on the irradiation time and the pretreatment of the samples. After 120 h irradiation in the reactor up to 40 % of the copper is diffused deeper than 20 μm.

Диффузия меди с поверхности во внутрь кремневых образцов зависит от времени облучения и от характеристики обработки образцов до облучения. После 120-часового облучения в реакторе 40% меди с поверхности проникли во внутрь образца глубиной более 20 μm.

Letters to the Editor

Y. M. Megahed, M. F. Abdel-Wahab, S. M. El-Mougi, F. B. El-Sayed

Prolactin Effect on Insulin Content of Albino Rats at Different Physiological States (*in English*)

Isotopenpraxis **16** (1980) No. 12, p. 402 to 405
6 Fig., 2 Tab., 12 Ref.

D. Haendel

A Chemical Method of ^{15}N Determination in Nitrogen Fixed to Rock Samples

Isotopenpraxis **16** (1980) No. 12, p. 405 to 406
– Fig., – Tab., 11 Ref.

From Practice

H. Rothe, H. Lundie, K. Guenther, H. Korn

On the Rationalization of the Process of Calibrating Medical Dosemeters

Isotopenpraxis **16** (1980) No. 12, p. 406 to 407
2 Fig., 2 Tab., 1 Ref.

Information

Isotopenpraxis **16** (1980) No. 12, p. 407 to 408

New Books

Isotopenpraxis **16** (1980) No. 12, p. 408

Письма в редакцию

И. М. Мегахед, М. Ф. Абедль-Вахаб, С. М. Эль-Муги, Ф. Б. Эль-Саед

Эффект пролактина на содержании инсулина в крысах-альбиносах, находящихся в различных физиологических состояниях (*на англ. языке*)

Isotopenpraxis **16** (1980) вып. 12, стр. 402 до 405
6 рис., 2 табл., 12 лит.

Д. Хендель

Химический метод определения ^{15}N в фиксированном в горных породах азоте

Isotopenpraxis **16** (1980) вып. 12, стр. 405 до 406
–рис., –табл., 11 лит.

Из практики

Х. Роте, Х. Лундий, К. Гюнтер, Х. Корн

О рационализации процесса калибровки дозиметров медицинского назначения

Isotopenpraxis **16** (1980) вып. 12, стр. 406 до 407
2 рис., 2 табл., 1 лит.

Новости

Isotopenpraxis **16** (1980) вып. 12, стр. 407 до 408

Новая литература

Isotopenpraxis **16** (1980) вып. 12, стр. 408

RUDOLF HERRMANN / UWE PREPPERNAU

Elektronen im Kristall

1979. XIV, 418 Seiten — 179 Abbildungen — 14 Tabellen — gr. 8° — Leinen 78,— M
Bestell-Nr. 7620805 (6379)

Der erste Teil des Buches (Grundlagenteil) vermittelt allgemein-festkörperphysikalische Grundlagen, die für das Gesamtverständnis wichtig sind (Statistik quasifreier Ladungsträger, Gitterschwingungen, Kristallstruktur, Bandstrukturberechnungen, Dynamik der Kristallelektronen). Darauf aufbauend werden im zweiten Teil spezielle Festkörpereigenschaften und phänomene wie galvanomagnetische Effekte, Landau-Quantisierung, Hochfrequenz- und Resonanzphänomene und die Ausbreitung elektromagnetischer Wellen im Festkörperplasma behandelt.

Alle physikalischen Sachverhalte sind verständlich, anschaulich und leicht faßlich dargestellt; besonderen Wert legen die Autoren auf klare Definitionen, wobei sie bestimmte Details bewußt ausführlich erläutern.

Durchgehend wird die Konzeption der Einteilchen-Näherung verwendet.

Bestellungen durch eine Buchhandlung erbeten

THEORIA CUM PRAXI

AKADEMIE-VERLAG · DDR-1080 Berlin, Leipziger Str. 3—4

Contents of this Issue